河北省科普专项项目编号20557501K

# 棉花的一生

田海燕　周永萍　崔淑芳　主编

中国农业出版社

北　京

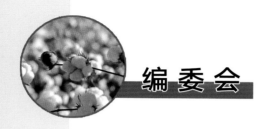

# 编 委 会

主　　编　田海燕　周永萍　崔淑芳

副 主 编　张海娜　蔡　肖　张　谦　王广恩

编写人员　田海燕　周永萍　崔淑芳　张海娜　蔡　肖

　　　　　　张　谦　王广恩　崔瑞敏　陈振宏　鹿秀云

　　　　　　杜海英　赵贵元　刘志芳　王树林　金卫平

　　　　　　耿　昭　刘　旭　韩永亮　龙素霞

# 前　言

　　棉花是关系国计民生的重要战略物资，是我国产业链最长的大田经济作物。生产上，种植棉花的品种繁多，这些品种大部分具有相似的生长发育规律，但是，在不同的生育时期，不同棉花品种形态特征及其品种特性又表现各异。编写团队结合工作、生产实践，广泛查阅参考文献，积累、整理了大量关于棉花生长发育的图文资料，将其归纳、整理，编写成《棉花的一生》。

　　《棉花的一生》以棉花的整个生育进程为主线，以图文并茂的形式，展现了当前生产条件下棉花从种子萌发到种子形成的过程中，各生长发育阶段的器官形成和发育规律，并介绍了不同类型棉花品种的形态特征。全书包括棉花的起源及传入、棉花的种子、棉花播种及出苗、根茎叶的形态特征与生长、现蕾与开花、蕾铃脱落与控制、棉铃的发育、吐絮与收获、棉纤维、棉花主要病虫害及其防治、棉花产品综合利用等十二个章节内容。本书创作以科学性、实用性、适用性为目标，可作为普通大众了解农业科学知识，特别是棉花科学知识的科普图书，也可作为从事棉花种植、生产、经营、管理人员以及农业院校相关专业人才培养的借鉴资料。

《棉花的一生》能顺利出版，得到了河北省科学技术厅的项目资助（项目编号20557501K），得到了河北省农林科学院与河北省农林科学院棉花研究所有关领导的关心支持。河北省棉花育种、栽培、植保等方面的专家对本书的编写提出了修改意见和建议，使本书更具有专业性、科学性。同时本书也参考和引用了国内外众多学者的研究成果和资料。在此，一并表示衷心的感谢！

　　由于编者的知识和经验有限，书中难免有疏漏和不足之处，敬请广大读者指正。

编　者

2022年5月

# 目　录

前言

# 第一章
# 棉花的起源及传入

在植物学分类上，棉花属于种子植物门、被子植物亚门、双子叶植物纲、锦葵目、锦葵科、棉属。根据棉花形态学、细胞遗传学和植物地理学等方面的研究，发现棉属共有51个种，除4个栽培种外，其余均为野生种。

## 第一节　棉花的起源地

人类最早在什么地方种植利用棉花，历史上已无从考证，但经过历代农学、史学、考古学等方面专家、学者的不断探索、发现、分析和论证，棉花起源区域基本明确。

### 一、亚洲西南部

20世纪80年代，在巴基斯坦锡比城附近发掘出据称是迄今为止最古老的棉花种子，距今已有7 000多年。1928年，在印度河流域巴基斯坦境内摩亨佐·达罗（Mohenjo-Daro）的一座古墓中，发掘出公元前3 000年至公元前2 750年的3件棉布标本，这些棉布标本是世界上已知最早的棉织品，是人类利用棉花最早的实物证据，同时也表明，古印度纺织棉布的历史已有5 000年之久。最早的文字记载见于距今3 500年的印度《佛陀经典圣诗》中提到"织布机上的线"。在2 800多年前的印度佛经中，棉花已经是常见之物。公元前1 000年前后，印度种植棉花已有较大进展。在史前相当一段时期内，印度的精湛纺织品已享有盛誉，远销各地。

### 二、美洲

20世纪50年代，在发掘南美洲秘鲁北部的华卡普里泰遗址时，发现了公元前2 400年的棉织渔网和公元前1 700年的灯芯，以及公元前1 600年的其他棉织品。在中美洲尤卡坦半岛"玛雅文化"遗址中，发现了古代织法十分特殊的精致棉织品碎片，考古学家认为，美洲古代印第安人种植棉花的历史至少可以追溯到5 000年以前，甚至更为久远的年代。

## 第二节　我国棉属栽培种的传入

在棉属的51个种中，有4个种被人类长期选择进化成世界各地广泛种植的栽培种，即亚洲棉、非洲棉、陆地棉和海岛棉。

### 一、亚洲棉及其传入

亚洲棉（*Gossypium arboreum* L.）属于二倍体栽培棉种，染色体为13对。亚洲棉起源于印度河下游河谷地带，又称土棉、紫棉、小棉花等。早期原始的亚洲棉为多年生木本，后来栽培的亚洲棉均为一年生。中国引进亚洲棉的历史悠久，种植地区广泛，经过长期人工选择和自然驯化，又培育出许多优良品种和多种变异类型，从而形成了著名的中棉种系。因此，中国的亚洲棉又称中棉。

公元前1 000年至公元前500年，亚洲棉从印度向东传播，经过孟加拉国、缅甸、泰国、老挝、越南传入中国海南、云南、广东、广西、福建和西藏等地，在我国西部和南部地区开始种植。

亚洲棉传入我国的具体时间难以确定，据史书记载，我国最早开始植棉的区域应该是海南、云南等地。《后汉书·南蛮传》载："武帝末年，珠崖太守会稽孙幸调广幅布献之。"珠崖即现今的海南岛。这表明在公元前2世纪时，海南岛一带居民已经开始种棉织布。另据《后汉书·西南夷传·哀牢夷》载："哀牢人……有梧桐木华，绩以为布，幅广五尺，洁白不受垢污。"《南越志》载："南诏诸蛮不养蚕，惟收婆罗木子中白絮，纫为丝，织为幅，名娑罗笼段。"哀牢和南诏即今日云南省南部地区，梧桐木华和娑罗木子即多年生木本亚洲棉。

亚洲棉传入我国后，经过漫长岁月，逐渐扩展北移。公元3～13世纪主要在南岭山脉以南及四川等地种植。到公元13～19世纪，逐渐扩展到长江流域，进而扩展到黄河流域乃至全国。直到20世纪初，亚洲棉在我国植棉业中仍居主导地位。随着植棉业的不断发展，由于亚洲棉纤维较短，不适于机器纺织而逐渐被陆地棉和海岛棉所取代。

### 二、非洲棉及其传入

非洲棉（*Gossypium herbaceum* L.）属于二倍体栽培棉种，染色体为13对。非洲棉又称草棉、小棉，起源于非洲南部，是非洲大陆栽培和传播较早的棉种，在史前时期即扩展到几乎非洲全部地区，后又通过部落和各国人民之间的贸易往来逐渐向外传播，经埃塞俄比亚、埃及、伊朗、伊拉克、土耳其、希腊传至东方各国。

我国新疆植棉的最早文字记载见于《梁书·西北诸戎传》载："高昌国多草木，草实如茧，茧中丝如细绢，名曰白叠子，国人多取织以为布，布甚软白，交市用焉。"高昌即今日的新疆吐鲁番，白叠子即一年生的非洲棉。表明当时吐鲁番一带已开始植棉、织布，并以棉布作为商品进行交易。

1959年，在新疆民丰县以北的塔克拉玛干沙漠中，发掘一座东汉时期夫妻合葬墓，墓中出土了作餐布用的两块蓝白印花布、白布裤和手帕等棉织品；1976年，又在该县尼雅遗址的东汉墓中发掘出土蜡染棉布。这些是我国西北地区现存最古老的棉布实物材料。1995年，在新疆库尔勒市尉犁县营盘的一座汉晋墓地出土了棉铃、棉子等，经中国农业科学院棉花研究所专家鉴定，属于非洲棉。由此可以确定汉晋时期（公元2～3世纪）库尔勒一带已经开始种植棉花。

根据史书记载和出土文物可以基本确定非洲棉传入我国新疆地区最晚在公元2～3世纪。

非洲棉产量低，纤维短，早熟，生长期短，适应于无霜期短的新疆和甘肃河西走廊地区，因此始终没有大量东渡黄河进入中原腹地。20世纪50年代后，随着陆地棉和海岛棉的推广，不适于机器纺织的非洲棉逐渐被淘汰。

## 三、陆地棉及其传入

陆地棉（*Gossypium hirsutum* L.）属于四倍体栽培棉种，染色体为26对。陆地棉又称为细绒棉，原产于中美洲，约在17世纪初从墨西哥引入美国南部，以后辗转传至各主要产棉国。由于美国种植陆地棉的历史悠久，面积也大，因而又常将陆地棉称为美棉。

陆地棉在19世纪中后期由美国从海上经中国上海、天津等地传播到我国内地。1866年《天津海关年报》中英国人Thands Dick记述："尽管中国的棉花品种来源于印度，但中国的气候条件与纬度与之差异较大，与美国更为相似，中国的棉花播种季节也和美国一致，因而十分关注1865年将美棉种子引来上海种植的结果。"这是迄今为止有据可查的中国最早引入美棉（陆地棉）的文字记录。之后，1892年，清朝洋务派湖广总督张之洞委托清政府驻美公使崔国因耗费白银两千两（折合人民币180万～200万元）从美国引进34担（约合1.7t）陆地棉种，分发给湖北天门、孝感、武昌、麻城、江夏、大冶、黄冈等州县种植，这是我国正式引种大量陆地棉的开始。

虽然陆地棉传入我国的历史较短，但由于陆地棉适应性强、产量高、纤维品质好，适宜于机器纺织，深受各地农民和纺织行业的欢迎，因而发展传播速度很快，于20世纪50年代末取代了亚洲棉和非洲棉，成为我国种植区域最广、面积最大、产量最高的栽培棉种。

### 四、海岛棉及其传入

海岛棉（*Gossypium barbadense* L.）属于四倍体栽培棉种，染色体为26对。海岛棉原产于南美洲、中美洲和加勒比地区，1492年哥伦布发现新大陆后便带回欧洲种植，1786年在美国开始大面积栽培，由于曾经大量分布于美国东南沿海及其附近岛屿，故称为海岛棉。因其纤维细长，又称长绒棉。海岛棉种类较多，分为多年生和一年生两大类。多年生海岛棉又称木棉，有离核木棉和联核木棉两类；一年生海岛棉有埃及型和海岛型两类。

**（一）多年生海岛棉**

我国云南、广东等省有多年生海岛棉种植，但何时从何地传入我国，尚不明确。

联核木棉。又称巴西棉，在我国华南地区分布较广，其产量不高，面积不大，栽培历史不详。在英国人瓦特1907年所著的《世界野驯棉种》中述及巴西棉之分布时，即有中国在内，说明20世纪初中国已有此棉种，但何时从何地传入我国已难考证。

离核木棉。据报道，1918年云南开远县实业局局长傅植在开远西门外吕祖殿遗址发现一株木棉，后经鉴定为离核木棉。该种何时从何地引进云南，已不可考。冯泽芳认为，鉴于云南信奉伊斯兰教的人较多，常去埃及一带朝圣，该棉子很可能是从埃及带入。离核木棉主要分布在云南省的金沙江、南盘江、澜沧江、元江、怒江沿江及海拔较低的地方，约25个县，以开远、蒙自、建水最多。由于各县的自然条件和人为选择，性状都有些差异，因此，常以县得名，如开远木棉、文山木棉、弥勒木棉、元江木棉、墨江木棉、瑞丽木棉、景谷木棉、石屏木棉、思茅木棉、车里木棉、陇川木棉等，其中，以文山木棉成熟较早，纤维长度达40mm，细度达8 000m/g，但强力较差，仅3.61g。

**（二）一年生海岛棉**

一年生海岛棉的传入。1916年，海南岛崖县铁炉港农发公司引种海岛棉初见成效，这应该是我国最早试种一年生海岛棉的记录。1919年，上海华商纱厂联合会从美国购得8个棉花品种，分发国内主产棉区26处进行试验，其中，有2个品种为一年生海岛棉。1939年，开远木棉试验场征集到美国的两个海岛棉品种——'海流'（海岛型）和'埃及棉'（埃及型）。后来我国育种学家从'海流'中选育出长绒3号，从'埃及棉'中选育出跃进1号。

20世纪50年代，我国从苏联引进一年生海岛棉种植于新疆，新疆以其独特的地理和气候条件，成为我国唯一的海岛棉生产基地。目前，绝大部分海岛棉集中种植在阿克苏地区。海岛棉纤维细长、富有丝光、强力高，是纺织、制造高档和特种棉纺织品的重要原料。

## 第三节　棉花名称的演变

　　我国是很早种植棉花的国家之一，但开始并没有棉花这个名称，棉花的名称也在历史发展的不同时期、不同地域发生着变化和更替。

　　先秦时期称"织贝""吉贝"；两汉时期称"白叠""帛叠"；三国、两晋时期称"古贝木""白梧桐"等；南北朝时期称"娑罗木""古绿藤""古贝""白叠"等；隋、唐、五代时期则称"古贝""橦""白叠"等；宋、辽、金、元时期名称更多："古贝""古贝木""白叠""木棉""木绵""吉贝""娑罗木"等；明朝时期称"木绵花""绵花""娑罗绵""棉"等；清朝时期则称"绵花""吉贝花""棉花"等。上述名称，多从古代梵语、阿拉伯语、马来语、古突厥语等音译而来。

　　我国古代原无"棉"字，只有"绵"或"緜"，原指蚕所产的丝棉。棉花传入我国后，种棉渐多，为人所常见，由于棉絮洁白，酷似丝棉，遂称棉花为"木绵"，即加上"木"字以表明系植物所长之棉，而区别于蚕产之丝棉。大约在南宋时期，出现了木字旁的"棉"字，专指棉花。"棉"字比"木绵"更为简单准确，很快被大家接受。此后，我国历史上便广泛用此"棉"字，直到如今。然而，历史上的"木绵"两个字并未消失，而是改为"木棉"延续保留至今。现在木棉所指的多年生木本植物，包括棉花树和木棉树。

## 参考文献

崔瑞敏，刘素恩，崔淑芳，2015. 河北植棉史 [M]. 石家庄：河北科学技术出版社：1-5.

过兴先，1986. 我国古代植棉史的讨论 [J]. 中国农业科学 (6)：84-88.

刘咸，陈渭坤，1987. 中国植棉史考略 [J]. 中国农史 (1)：35-44.

佟屏亚，1978. 棉花的传播史 [J]. 中国棉花 (5)：36-38.

汪若海，1983. 我国美棉引种史略 [J]. 中国农业科学 (4)：30-35.

汪若海，1991. 我国植棉史拾零 [J]. 农业考古 (1)：323-324，337.

汪若海，承泓良，宋晓轩，2017. 中国棉史概述 [M]. 北京：中国农业科学技术出版社：8-17.

于邵杰，1993. 中国植棉史考证 [J]. 中国农史，12(2)：28-34.

张胜，李琴，2016. 新疆海岛棉生产现状与发展建议 [J]. 中国种业 (3)：6-8.

章楷，2009. 中国植棉简史 [M]. 北京：中国三峡出版社：5-16.

# 第二章
# 棉花的种子

种子是植物个体发育的基础，棉花的一生从种子萌发出苗开始，到种子发育成熟结束。种子既是上一代的结束，又是下一代的开始。其质量的好坏，直接关系到苗全、苗齐、苗壮，影响产量形成。

## 第一节　棉花种子的形态

### 一、棉花种子的分类

棉花的种子，通常称为棉子，表面被覆2种纤维毛：一种为长度较长主要作为纺织原料的棉纤维；另一种为纤维长度较短的短绒。陆地棉中这两种纤维布满整个棉子的表面，但也有一些品种短绒少或是没有短绒。棉子与覆着的纤维构成了子棉。

收获的子棉轧去纤维后，获得的棉子，其表面大多覆盖一层短绒，根据种皮上短绒的着生位置及短绒的疏密程度，可以将棉子分为4种：毛子、稀毛子、端毛子和光子（图2-1）。毛子与稀毛子的划分也不是绝对的，与轧花机的种类及调试参数的不同有关。端毛子和光子常见于棉花种质资源材料中，在生产上的

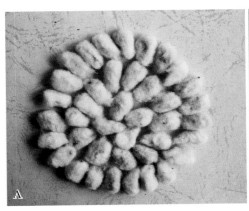

图2-1　棉　子

A.毛子：种皮外密被一层短绒，一般为白色，生产上绝大多数品种的种子为白色毛子；
B.稀毛子：种皮外短绒较稀，一般为白色；C.端毛子：种皮的两端或者一端有短绒，而中间没有短绒；
D.光子：种皮外无短绒

品种中较为少见。

　　棉子的短绒一般为白色，白色短绒也因品种不同而略有差异。彩色棉种子的短绒与纤维颜色一致，部分品种短绒颜色比纤维略深，常见的为棕色和绿色（图2-2）。

图2-2　短绒的不同颜色

　　除种皮没有短绒的光子品种外，大部分棉花种子播种前一般都要进行脱绒处理，使其成为光子（图2-3）。棉花种子脱绒分为机械脱绒和化学脱绒两大类。机械脱绒目前使用的是"刷轮式棉种脱绒机"；化学脱绒普遍使用的有计量式泡沫酸脱绒和过量式稀硫酸脱绒2种方式。脱绒可去除种子短绒上的病菌，利于预防苗期病害。脱绒后，有助于机械和人工进行精选，以提高种子的健子率和发芽率。脱绒后的棉子便于机械化播种。

图2-3　脱绒后的光子

### 二、棉花种子的大小、颜色与形状

棉花种子的大小一般用质量指标来表示，如单粒重、千粒重、子指。生产上应用较多的是子指，即100粒种子的质量（g）。不同品种的子指存在一定的差异，种子的成熟度不同，其子指也会有差异。陆地棉成熟种子的子指一般为9～12g，每千克种子为8 000～12 000粒（图2-4）。海岛棉的子指较大，亚洲棉的子指较小，非洲棉的子指更小。

成熟种子的种皮颜色多为棕褐色，质硬；未成熟种子（图2-5）的种皮呈红棕色、黄色乃至白色，壳软。不同品种种皮颜色有区别，同一品种成熟度不同种皮颜色也有差异。种子存放年限、脱绒方法等也影响种皮颜色。生产上常见的不同色彩的棉花种子为包衣处理后的种子。

图2-4 不同大小的棉花种子

图2-5 未成熟种子

棉子一般呈不规则梨形，也有的呈圆锥形、卵圆形（图2-6），但在棉花种子发育过程中，常因结铃时间、结铃部位、在铃室中的位置不同，种子的形状也略有差异。

图2-6 不同形状的种子

## 第二节 棉花种子的结构

### 一、棉花种子的外部结构

棉花种子多数呈不规则梨形，钝圆的一端是合点端，如果将种子的外种皮剥去，会发现在合点端的壳内有一帽状小盖，为合点帽。种子萌发时，合点帽缝隙张开，成为种子吸水和通气的主要渠道。种子相对狭窄的一端，是珠孔端。珠孔端有一棘状突起，称子柄，这是珠柄的遗迹。子柄旁边有一小孔，即发芽孔，是珠孔的遗迹。成熟、干燥的种子，发芽孔往往是封闭的。浸种、催芽时，种子萌发，胚根由珠孔穿出，所以珠孔又称发芽孔。种皮的表面有一道细缝，连贯于子柄与合点之间，称为种脊，由珠柄弯曲后与外珠被愈合而成（图2-7）。

图2-7　棉子的外部结构

## 二、棉花种子的内部结构

在植物学上，种子是指从胚珠发育而成的繁殖器官，根据有无胚乳分为有胚乳种子和无胚乳种子。无胚乳种子是指在其发育过程中，胚乳中的营养物质多数转移到胚中，因而有较大的胚，其子叶较为发达，而胚乳消失，或者没有完全消失而有少量残留，均归为无胚乳种子。棉花种子为无胚乳种子，胚乳遗迹呈乳白色薄膜状包在胚的外面。

棉花种子自外向内由种皮和种胚构成，种皮分外种皮和内种皮。外种皮由外珠被发育而成，分为表皮层、外色素层和无色细胞层三部分，质厚而强韧。内种皮由内珠被发育而成，呈薄膜状，分为栅状细胞层和内色素层两部分。栅状细胞层木栓化，细胞排列整齐而紧密，种子成熟时，其厚度约占全部种皮的50%以上（图2-8）。

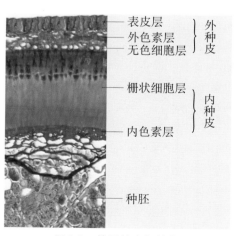

图2-8　棉子的内部结构

种皮内包裹的种胚是种子最主要的部分，是原始状态的新植株体，由胚芽、胚根、胚轴和子叶四部分组成。子叶两片着生于下胚轴上，是种胚的幼叶，呈迂回褶皱状，占整个胚的大部分，主要功能是贮藏营养物质。胚芽着生于两片子叶之间，子叶对其起保护作用。成熟种子的胚芽内一般已分化出2个真叶原基，成熟度差的多数只有1个真叶原基，真叶原基将来发育成真叶。胚轴是连接胚芽和胚根的过渡部分，子叶着生点和胚根之间的部分称为下胚轴，而子叶着生点以上的部分称为上胚轴。胚根位于种子的尖端，在胚轴下面，将来发育成主根（图2-9）。

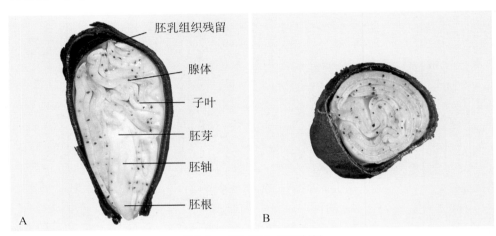

胚乳组织残留

腺体

子叶

胚芽

胚轴

胚根

A　　　　　　　　　　　　　　　　B

图2-9　成熟棉子（有酚棉）

A. 纵切面；B. 横切面

　　种仁中分布的褐色小点称为色素腺体（棉酚），色素腺体呈圆形、油滴状，外围被一层排列紧密的红色细胞所围绕。但低酚棉种质的种仁无腺体（图2-10）。

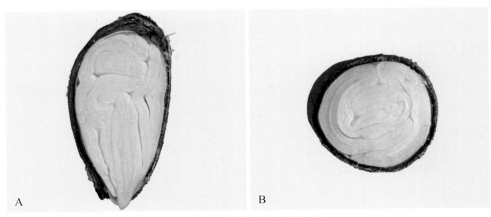

A　　　　　　　　　　　　　　　　B

图2-10　成熟棉子（低酚棉）

A. 纵切面；B. 横切面

## 第三节　棉花种子的化学成分

棉花种子由棉子壳（种皮）和种仁（种胚）组成。

棉子壳含纤维素（37%～48%）、半纤维素（22%～25%）和木质素（29%～32%）。从分子结构上说，纤维素和半纤维素都是高分子多糖类，木质素是一种芳香族高分子化合物。另外，棉子壳还含有少量的水分和灰分。

种仁的成分主要是脂肪（35%～46%）、蛋白质（30%～35%）和碳水化合物（15%左右），此外，还有一定量的氨基酸、棉酚和灰分等，种仁中各化学成分的含量因棉花品种的不同而有差异。

种仁中的蛋白质含量高于水稻、小麦和玉米，蛋白质含量与种仁大小、种植的生态区域有关。

种仁脂肪中的不饱和脂肪酸含量高于菜子油，与大豆油相近。陆地棉种仁中的脂肪酸以不饱和脂肪酸（主要为油酸、亚油酸、亚麻酸）为主，占比达73%～79%，饱和脂肪酸（主要为棕榈酸、硬脂酸）为20%～25%。不同品种（系）的种仁脂肪酸组成相同，但各脂肪酸含量略有差异。

种仁内含有人体必需的8种氨基酸，以谷氨酸、精氨酸、天冬氨酸含量最多，胱氨酸的含量最低。人体不能合成的赖氨酸含量占氨基酸总量的6%，达到较高的水平。氨基酸含量因种子成熟度变化而呈现出一定的差异，一般以健子种仁内氨基酸含量最多，嫩子最少。

棉酚是一种黄色多酚羟基双萘醛类化合物。有腺体棉棉仁的棉酚含量多在0.8%以上，低酚棉棉仁的棉酚含量均低于0.02%。棉子种皮颜色变化与酚类物质含量有密切关系，充分成熟种子的种皮颜色呈深褐色，它的酚类物质含量较低。种仁中棉酚含量随收获时期后延而升高，较早收获的种子棉酚含量相对较低，后期收获的种子棉酚含量相对较高。

## 第四节　棉花种子的质量与检验

### 一、棉花种子的质量

棉花种子发育生长的好坏直接影响棉子质量，而棉子质量由不同特性综合而成。其特性分为四大类：一是物理质量，采用净度、其他植物种子计数、水分、重量等指标的检验结果来衡量；二是生理质量，采用发芽率、生活力和活力等指标的检测结果来衡量；三是遗传质量，采用品种真实性、品种纯度、特定特性检测等项目的检测结果来衡量；四是卫生质量，采用种子健康等项目的检测结果来衡量。

## 二、棉花种子质量检验

种子检验是通过对品种的真实性和纯度、净度、发芽率、活力、种子健康、水分、千粒重等项目进行检验和测定，评定种子的种用价值，以指导农业生产、商品交换和经济贸易活动。开展种子检验工作是为了在播种前评定种子质量，以便选用高质量的种子播种，杜绝或减少因种子质量所造成的缺苗减产的危险，确保农业生产安全。棉花种子检验的主要指标有：净度分析、水分测定、健子率检测、发芽试验、种子活力测定等。

**1.净度分析** 种子净度即种子清洁干净的程度，是指种子批或样品中净种子、杂质和其他植物种子组分的比例及特性。净种子指棉花种子，即使是未成熟的、瘦小的、皱缩的、带病的或发过芽的种子单位，都属于净种子。它包括完整的种子单位（即构造完整的棉子）和超过原来大小一半的破损棉花种子。其他植物种子指除棉花净种子以外的任何植物种子的种子单位。杂质指除棉花净种子或其他植物种子以外的物质及构造（图2-11）。

图2-11 杂 质

净度分析时首先将送验样品称重，若有大小或质量明显大于供检种子的重型混杂物，应首先挑选出并称重。然后，用四分法分取送验样品，仔细分析，将样品按净种子、其他植物种子、杂质进行分离，并分别称重。按如下公式计算种子净度：

种子净度（$P_1$，%）=净种子质量/（净种子质量＋其他植物种子质量＋杂质质量）×100

送验样品中如有重型混杂物，种子净度按如下公式计算：

种子净度（$P_2$，%）=（$M-m$）/$M×P_1$

式中，$M$——送验样品的原始质量；$m$——重型混杂物的质量。

**2.水分测定** 通常采用烘干称重法测定棉花种子水分含量。事先准备好铝盒，烘干、称重。将密闭容器内的送验样品充分混合，用粉碎机磨碎，立即装入磨口瓶内，充分混合并密封备用。自磨口瓶中迅速称取2份试样（约20g），放入经过恒重的铝盒，称重。打开铝盒，盒盖置于盒底，摊平样品，立即放入预先调好温度的烘箱内（图2-12），当烘箱内温度稳定在105℃时开始计时，烘8h。取出铝盒，迅速盖好盒盖，放在干燥器内，冷却至室温（需30～45min）后，用电子天平称重（图2-13）。根据烘干后减少的水分质量计算种子水分：

种子水分（$W$，%）$= (M_2 - M_3) / (M_2 - M_1) \times 100$

式中，$M_1$——铝盒和盖的质量（g）；$M_2$——铝盒和盖及样品的烘前质量（g）；$M_3$——铝盒和盖及样品的烘后质量（g）。

图2-12　烘　箱

图2-13　电子天平

**3.健子率检测**　健子率是指棉花种子样品中，除去秕子、嫩子等成熟度差或霉变的棉子，留下的健壮种子数占样品总粒数的百分率。

检测毛子的健子率一般采用硫酸脱绒法先脱去短绒，用清水冲洗干净，然后，将种子样品随机分成4份，从每份中随机取100粒，根据种皮的颜色差异进行鉴别（图2-14）。种皮呈深褐色则为健子；种皮呈浅褐色、黄白色则为不成熟子，即非健。分别计数，计算健子率，以4份样品的平均健子率作为最终结果。

图2-14　四分法检测健子率

硫酸脱绒法对成熟度差的秕子、嫩子可以进行准确鉴定，但有些霉子则无法鉴别出来，采用切割法对种仁进行鉴定，可获得更准确的健子率结果

（图2-15）。从种子样品中随机取试样4份，每份100粒，依次摆放入切割条内的小孔中，然后，用壁纸刀划开，依次观察，根据色泽、饱满程度进行鉴别。色泽新鲜、油点明显、种仁饱满者为健子，反之为非健子。分别计数，计算健子率，以4份样品的平均健子率作为最终结果。

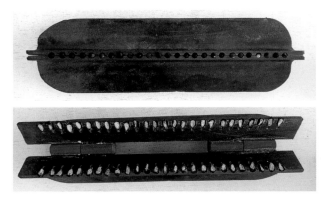

图2-15　切割法检测健子率

健子率的计算方法如下：

健子率（％）＝健子数/（健子数＋非健子数）×100

**4.发芽试验**　种子发芽力是指在适宜的条件下，棉花种子发芽并长成正常幼苗的能力，通常用发芽势和发芽率表示。发芽势是在适宜的发芽条件下，4d内正常发芽种子数占供试种子数的百分率。种子发芽率则是指12d内正常发芽种子数占供试种子数的百分率。

发芽试验用于检测棉花种子的发芽势和发芽率，目的是测定种子批的最大发芽潜力。在实验室内，可以人为控制温度、水分和透气状况，因此，结果比较理想、可靠。

发芽试验在光照培养箱中进行（图2-16），发芽温度为变温20～30℃（低温16h，高温8h）或恒温25℃，试验前设置好发芽温度。通常采用消毒、过筛（0.5～0.8mm）的细沙作为发芽介质，干沙中加入水，充分拌匀，达到

图2-16　光照培养箱

手捏成团，放手即散开为宜。送验样
品中，随机取400粒种子，每个发芽盒
中50粒，每2盒为一个重复，共4个重
复。将搅拌均匀的细沙平铺在发芽盒的
底部，作为种子的发芽床。将种子均匀
排在发芽床上，种子间保持一定的距
离，上面盖1cm左右的沙层。之后，盖
上发芽盒盖，在发芽盒上注明样品编
号、重复次数、置床日期等（图2-17）。

图2-17　发芽盒

将发芽盒放入培养箱中，分别于第4、7和12天统计幼苗数，从发芽盒中拣出
发育良好的正常幼苗，对可疑或损伤、畸形或不均衡的幼苗，通常放在末次计
数。严重霉烂的幼苗或发霉的死种子应及时从发芽床中除去，并随时增加计数
（图2-18）。最后计算发芽势和发芽率。

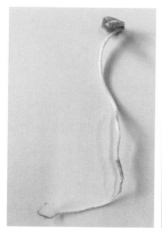 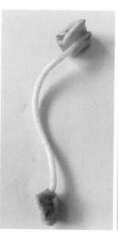 

正常幼苗　　　　　　　　　畸形幼苗　　　　　　　　霉烂幼苗

图2-18　不同发育状态的幼苗

　　发芽势（%）=4d内长成正常幼苗的种子数/试验种子数 × 100
　　发芽率（%）=12d内长成正常幼苗的种子数/试验种子数 × 100
　　当4次重复试验的正常幼苗数的百分率均在最大容许误差范围内（表2-1），
则计算4个重复的平均数作为发芽率。若超过最大容许误差，则需要重新
试验。

表2-1　同一发芽试验4次重复间的最大容许差距

| 平均发芽率 | | 最大容许差距 |
| --- | --- | --- |
| 50%以上 | 50%以下 | |
| 99 | 2 | 5 |
| 98 | 3 | 6 |
| 97 | 4 | 7 |
| 96 | 5 | 8 |
| 95 | 6 | 9 |
| 93~94 | 7~8 | 10 |
| 91~92 | 9~10 | 11 |
| 89~90 | 11~12 | 12 |
| 87~88 | 13~14 | 13 |
| 84~86 | 15~17 | 14 |
| 81~83 | 18~20 | 15 |
| 78~80 | 21~23 | 16 |
| 73~77 | 24~28 | 17 |
| 67~72 | 29~34 | 18 |
| 56~66 | 35~45 | 19 |
| 51~55 | 46~50 | 20 |

数据引自：农业部全国农作物种子质量监督检验测试中心，2006.《农作物种子检验员考核学习读本》。

5.种子活力　种子活力是种子质量的重要指标之一，与田间出苗质量密切相关。种子活力是指种子或种子批发芽和出苗期间的活性强度及种子特性的综合表现，表现良好则为高活力种子，表现差则为低活力种子。2004年出版的《国际种子检验规程》将种子活力定义为："种子活力是指在广泛的环境条件下，决定可接受发芽率的种子批的活性和性能那些特性的综合表现"。种子活力是一种能表达如下有关种子批性能的综合概念：①种子发芽及幼苗生长的速率和整齐度；②种子在不利环境条件下的出苗能力；③贮藏一定年限后保持发芽力的性能。种子活力是种子的重要品质，高活力种子具有明显的生长优势和生产潜力。测定种子活力是保证田间出苗率和生产潜力的必要手段。

活力测定的方法有多种，有2种列入《国际种子检验规程》，分别为人工加速老化法和电导率测定法。

（1）人工加速老化法　加速老化法是根据高温（40～45℃）和高湿（100%相对湿度）导致种子快速劣变这一原理进行测定。高活力棉花种子能忍受逆境条件处理，劣变较慢；而低活力种子劣变较快，较多生长为不正常幼苗或者完全死亡。

棉种加速老化常用的方法：在玻璃瓶内加入适量水，上面放置铝丝网，将棉种试样均匀平铺在铝丝网上，密闭瓶口。在玻璃瓶底部加热，使水分蒸发保持瓶内高湿度，并使瓶内温度保持在40～45℃，瓶内相对湿度基本达到100%，使种子在这样的条件下经过72h处理后，取出，吹干或风干，按照标准发芽的方法检测发芽势和发芽率。能够长成正常幼苗的种子，其抗衰老能力强，即为高活力种子。

（2）电导率测定法　高活力种子细胞膜完整性好，浸水后渗出的可溶性物质或电解质少，浸泡液的电导率低。电导率与田间出苗率呈显著负相关关系，通过检测种子浸出液的电导率可以间接评估棉花种子活力。

具体方法：取棉花种子150粒，设3个重复，每重复50粒，称重，放入容量200mL的三角瓶中，加入100mL蒸馏水，加塞，摇晃片刻，在经过校正电极的电导仪上测定电导率，记为初始值（A）。然后将三角瓶置于30℃温箱中保温浸泡（毛子12h，光子6h），将三角瓶从温箱中取出并充分震荡1min，待溶液静止后，测电导率值（B）。前后2次测定值的差值（B−A）即为实际电导率（单位为µS/cm）。可用此来评估棉花种子活力，电导率高则种子活力低，反之则活力高。

## 第五节　棉花种子的贮藏、寿命与休眠

种子从收获到再次播种需经过或长或短的贮藏阶段。在贮藏期间，有生命力的种子，仍不断地进行着贮藏物质的分解和生命物质的合成，这种过程就是新陈代谢，其表现就是呼吸作用。在种子贮藏期间，发生各种生理和生物化学的作用，因这些作用，种子的发芽势、发芽率和贮藏的营养物质的含量等均发生很大的变化。

种子寿命是指种子群体在一定环境条件下保持生活力的期限。当一批种子的发芽率从收获到发芽率降至50%时所经历的贮藏时间，为该批种子的平均寿命。棉花种子的寿命受种子自身活力和贮藏条件（如温度、湿度、通气状况等）的影响。一般贮藏条件下，棉花种子的寿命可以维持2～3年，但在低温、干燥和密闭的条件下，棉花种子的寿命可以维持10年，甚至更长时间。

种子休眠是指种子本身未完全通过生理成熟过程或存在发芽障碍，虽然给

予适当的发芽条件，但仍不能萌发的现象。种子形态成熟后，被收获，与母株脱离，但种子内部的生理生化过程仍然继续进行，直到生理成熟。从形态成熟到生理成熟变化的过程，称为种子后熟作用。休眠指生理休眠，是广义的名词，后熟是休眠的一种状态，或是引起休眠的一种原因。未通过后熟作用的种子，不宜作为播种材料，否则发芽率低，出苗不整齐，影响成苗率。通过贮藏或日晒等方法可以破除棉花种子休眠，也可以用硫酸亚铁、氯化铁或双氧水等化学物质浸种处理。

## 参考文献

陈杏云, 1984. 棉子壳的综合利用 [J]. 中国棉花 (1): 46-48.

陈布圣, 1982. 棉花器官的形态建成及其生理——第九讲 种子的形态构造及发育 [J]. 湖北农业科学 (11): 37-40.

董合忠, 李维江, 张晓洁, 2004. 棉花种子学 [M]. 北京: 科学出版社: 1-100.

房卫平, 吴中道, 吴耀芳, 等, 1995. 我国低酚棉研究进展 [J]. 中国农业科学, 28(增刊): 61-69.

黄骏麒, 1998. 中国棉作学 [M]. 北京: 中国农业科技出版社: 155-164.

季道藩, 朱军, 1988. 陆地棉品种间杂种的种仁油分和氨基酸成分的遗传分析 [J]. 作物学报, 14(1): 1-6.

贾仁清, 翁才浩, 1982. 棉花的一生 [M]. 南京: 浙江科学技术出版社: 27-29.

农业部全国农作物种子质量监督检验测试中心, 2006. 农作物种子检验员考核学习读本 [M]. 北京: 中国工商出版社: 118-258.

孙善康, 陈建华, 项时康, 等, 1987. 棉花种子营养品质研究 [J]. 中国农业科学, 20(5): 12-16.

田维亮, 葛振红, 李继兴, 2013. 棉子壳中半纤维素、纤维素和木质素含量的测定 [J]. 中国棉花, 40(7): 24-25.

王淑民, 1995. 小议棉短绒 [J]. 中国棉花 (6): 40.

王延琴, 魏守军, 周大云, 等, 2017. 中国棉花主栽品种棉子营养品质及播种品质研究 [J]. 中国农学通报, 33(7): 33-40.

王延琴, 杨伟华, 许红霞, 等, 2003. 棉子萌发过程中营养物质和棉酚的变化动态 [J]. 中国棉花, 30(4): 11-13.

王延琴, 杨伟华, 周大云, 等, 2003. 不同生态区及收获期对棉子营养品质的影响 [J]. 中国棉花, 30(2): 7-10.

吴也文, 孙善康, 项时康, 等, 1991. 黄枯萎病对棉花种子品质的影响 [J]. 中国棉花 (5): 46-47.

肖松华, 吴巧娟, 刘剑光, 等, 2012. 显性低酚棉新品系种仁营养品质与利用评价 [J]. 棉花学报, 24(2): 127-132.

易福华, 杨梅, 姚立强, 1994. 棉子休眠的解除方法 [J]. 中国棉花, 21(1): 19.

# 第三章
# 棉花播种及出苗

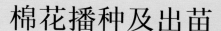
## 第一节　播前准备及播种

　　棉花的生长需要平整、肥沃、疏松、水分适宜的土壤环境。所以播种前做好包括土壤耕作、施足基肥、浇足底墒水等一系列备耕工作，可以为棉花播种出苗和生长创造良好的土壤条件。此外，选好备足良种，也是保证全苗、壮苗必不可少的前提条件。

### 一、土壤准备

　　**1.春灌**　河北的气候特点是春旱，而且大部分棉田没有进行冬灌。因此，除非当年降雨丰沛能够满足播种及棉花前期生长所需墒情，不然则需要进行春灌。棉花的萌发、出苗需水多，时间长，墒情对其影响较大。春灌时间宜在播前7～10d进行，以利整地和地温的回升（图3-1）。空气和温度适宜的条件下，棉花种子吸水至本身重量的一倍以上即可发芽，土壤含水量在15%～18%时适宜播种。土壤水分过多，易造成种子无氧呼吸，影响种子活力；水分过少，则种子难以萌发和出苗。

图3-1　春灌

　　**2.施肥**　棉花生育期长，一生所需养分较多，基肥一定要施足（图3-2），适量增施有机肥。基肥配合施用有机肥和化肥，化肥为含有适当比例氮磷钾三要素的肥料，磷钾肥可全部用作底肥。

　　**3.整地**　棉田整地要做到深耕、深翻、多耙，使土地平整，土壤细碎均匀，上虚下实，田间无杂草杂物，以保证播种质量（图3-3）。

图3-2　施　肥

图3-3　整　地

## 二、种子准备

种子是棉花高产的基础，"好种出好苗，好苗产量高"。播种前对种子进行处理，进一步打破种子休眠，杀死附着在种子内外的细菌，控制苗期病虫危害，以实现苗齐、苗壮。

1.晒种　散装或自留种子，播种前晒种可以杀死种子表面所带病菌，促进种子后熟，增进棉种通气、吸水功能，提高发芽率，提早出苗。晴天晒种3d左右，切忌在水泥地上晒种，以免形成"铁子"，影响出苗。

2.包衣　生产上一般使用包衣种子。脱绒包衣的棉种是优良品种的毛子经过物理或化学的方法脱去短绒，经过分级精选、包衣之后的优质种子（图3-4），具有子粒饱满、子指大、健子率高、种子完好无损、整齐度好、干燥及发芽率高的特点。

图3-4　不同颜色的包衣种子

使用包衣机批量连续式进行棉花种子包衣生产，种子被一斗一斗定量计算，同时，种衣剂也被一勺一勺定量计算。计算后的种子和药剂同时下落，下落的药剂经雾化后喷洒在下落的种子上，最后搅拌排出。包衣所用的种衣剂具有高效、安全、经济、方便等特点，能起到杀虫、杀菌、调节种子生长发育的作用。

同时，随着种子发芽出土，药剂从种衣中逐渐释放，被作物吸收，还可防治地上部病虫害。棉花种子经脱绒包衣处理后，播种品质得到进一步提高，是种子标准化、商品化的重要保证。实践证明，种子加工处理有节约用种、便于机械化播种、防治病虫、有利于苗全、苗壮等实际意义。

**3.浸种** 棉种最好是用经过精加工包衣的种子，包衣种子不必浸种与拌种。包衣剂中含有杀菌剂和植物生长调节剂等，如果浸泡，会破坏种衣剂成分，还会造成烂种死苗。如果是毛子，播前要进行浸种，使用60℃温水浸泡8h左右，或用凉水浸泡12h左右，以便加快出苗。

### 三、播种

**1.播种期** 正常气候条件下，棉花开始播种的临界温度为5cm土层地温稳定在14℃时为宜。播种后，温度愈高出苗愈快，温度过低则易烂子、烂芽、出弱苗；温度过高则易生成高脚苗。在生产上要根据当地气候、土壤和耕作制度等条件，确定适宜播种期。按照可靠的棉花播种期温度指标，春暖年份早播，春寒年份晚播，每年的适宜播期要因时因地制宜，不可盲目早播。河北省露地棉花的适宜播期在4月24～30日，地膜棉可提早5d左右。

**2.播种量** 棉花播种用量一般为18.75～37.50kg/hm²。根据地力确定种植密度，中等肥力水平的土地种植密度为45 000～75 000株/hm²，肥力水平较高的土地不超过45 000株/hm²，肥力水平较低的贫瘠土地种植密度为80 000～90 000株/hm²。也可根据品种特性适当调整。

**3.播种深度** 播深一致，深度2～4cm为宜，覆土均匀。播种过深，土壤透气性差，种子萌发及出土困难；过浅，土表容易落干，种子难以吸收足够的水分而影响萌动，或者造成带壳出土，形成弱苗。

**4.播种方法** 人力播种机播种。用于小面积试验播种或不适合机械操作的小地块播种。主要机械为人力通用播种机（图3-5），这种类型的播种机适合小面积试验播种，随播随撒，种子不在播种机内存留，深浅一致，轻便灵活，易于操作。而存储式人力播种机（图3-6），有一个存放种子的斗，下面有齿轮带动，在推拉作用下，种子随之匀速漏出，这种播种机相对轻便，下子均匀，节省人力，但若是试验播种，需要及时清理存放斗。

机械播种。随着机械化生产进程的推进，生产上大面积播种都使用机械播种。目前，常见的播种机械有精量穴播机（图3-7）、精度铺膜播种机（图3-8）、铺滴灌带覆膜打孔一体化播种机（图3-9）等。机械播种大大提高了劳动效率，节约了人力成本，而且用种量减少，对棉花的株行距掌握得更加精准，对现代农业的发展起到了至关重要的作用。

图3-5  人力通用播种机

图3-6  存储式人力播种机

图3-7  棉花精量穴播机

图3-9  铺滴灌带覆膜打孔一体化机械播种

图3-8  精度铺膜播种机

## 第二节  棉花种子的萌发与出苗

### 一、棉花种子的萌发过程

种子萌发是指有活力的种子，当其受潮吸水后，开始进行呼吸、物质合成与代谢活动，经过一定时期，种胚突破种皮、露出胚根的过程。棉花种子萌发的生理条件：一是种子内部因素，如种子饱满、发芽势强；二是外界条件，在一定的温度、水分和空气条件下，才能萌发。棉花种子由休眠状态转化为萌发状态，是种子内部因素和外界适宜条件互相作用的结果。

棉花种子萌发经历吸涨、萌动和发芽3个既相对独立又相互交叉的阶段。干燥状态的棉子，含水量一般低于12%。萌发过程中，干燥坚硬的种皮首先吸水软化，不久合点张开，成为水分和气体交换的主要通道。除合点外，种胚还通过珠孔和种皮吸水，棉子大约吸足与其重量相等的水分时，子叶中贮藏的营养物质分解为比较简单的可溶性物质。胚利用这些物质，合成新的蛋白质等大分子有机物，使胚本体的细胞数目迅速增加，体积变大。当胚本体的体积增大，胚根突破种皮经过珠孔伸出外面，这一现象称为萌动，农业生产上俗称为"露白"（图3-10）。种子萌动以后，种胚细胞开始或加速分裂和分化，生长速度显著加快，当胚根伸长达种子长度的一半时，即为发芽（图3-11）。

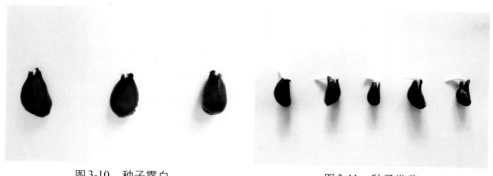

图3-10　种子露白　　　　　　　　　图3-11　种子发芽

## 二、棉花的出苗

种子发芽后，胚根细胞继续分裂，加速伸长并扎入土壤。胚根入土后，其生长速度随发芽进程而加速，一般平均每天伸长4cm左右。与此同时，下胚轴也迅速伸长，并受地心引力的影响弯曲呈"弯钩"状，弯钩部分向上生长，逐渐接近地表，随后弯钩开始伸直，并把子叶顶出土，之后两片子叶展开，即为出苗（图3-12）。

棉苗出土所需要的时间受环境条件、播种方式等因素影响，差异较大，一般4月下旬播种，7～12d出苗，随着气温的升高，出苗所需时间缩短。

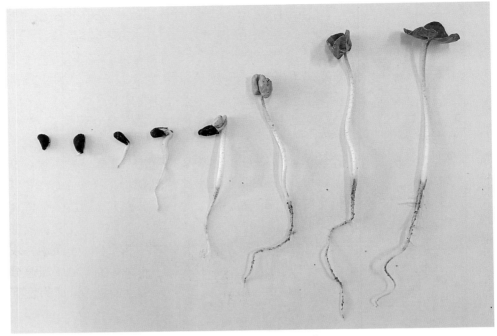

图3-12　从种子到幼苗的过程

## 第三节　棉花种子萌发及出苗的影响因素

棉花种子萌发涉及一系列的生理、生化和形态上的变化，并受到周围环境条件的影响。棉子发芽出苗，必须是种子充分成熟，生活力强，有适宜的温度、足够的水分和氧气，缺一不可。

### 一、水分

水分是种子萌发的先决条件。种子吸水后才会从静止状态转向活跃，在吸收一定量水分后才能萌发。

种子水分的吸收速率和吸收量，主要受种子化学成分、种皮透性、外界水分状况和温度的影响。棉花种子萌发需水量较多，需要吸收约等于自身重量一倍以上的水分方能发芽。据试验，棉子萌动所需水分为种子风干重的61.5%～63.3%，棉子饱和吸水量为种子风干重的78%。棉花种子的种皮比较坚硬，吸水速度慢，需要的时间也比较长。种子吸收水分与外界水分状态有很大的关系，浸种处理时，棉花种子吸涨所需的水分主要来自浸种的液态水，不足部分来自土壤。干子直接播种时，水分完全来自土壤，在土壤中的种子可吸收周围直径1cm的土壤水分。在种子吸水到一定阶段，温度会明显影响棉花种子的吸水速率，如用25～30℃水直接浸种需12～14h吸足水分，用10～12℃水直接浸种则需要20～24h才能吸足水分。

## 二、温度

棉花种子的萌发需要一定的温度条件。只有在一定的温度条件下，种子内的一系列代谢活动方能进行，种子才能萌发。各种植物种子对发芽温度的要求都可用最低、最适和最高温度来表示，称为种子发芽的3个基点温度。最低温度和最高温度分别指种子至少有50%能正常发芽的最低和最高温度界限；最适温度是指种子能迅速并达到最高发芽百分率所处的温度。棉花种子发芽的最低温度为10.5～12℃，最高温度为40～45℃，最适温度为25～30℃。临界温度范围内，温度越高，发芽越快。变温比恒温有利于萌发，这可能是棉花种子长期对自然条件适应的结果。据研究，大田播种时，播后温度越高，出苗越快，当5cm土层地温为12℃时，棉花种子出苗需30d，15℃时需15d，20℃时需7～10d，30℃时仅需3～5d。掌握作物萌发时的基点温度，是选择适宜播种期的重要根据之一，播种期一般以稍高于作物发芽的最低温度为宜。

## 三、氧气

氧气是棉花种子发芽不可缺少的条件之一，种子萌发需要充足的氧气。虽然吸涨阶段不需要氧气，但后续的萌动和发芽阶段，种子的有氧呼吸特别旺盛，一些酶的活动也需要氧气，这一阶段需要足够的氧气供给。棉子含有大量的脂肪，它的萌发需要的氧气比禾本科植物要多。即使已经萌动或发芽的种子，长时间置于无氧的淹水条件下，也会严重影响出苗。淹水时间越长，深度越深，受害越严重。

## 四、种子特性

棉花种子本身的特性对其发芽和出苗有着直接的影响。种子本身要结构完整，有生活力，这是种子萌发需要具备的内在条件。在吸涨阶段，光子比毛子吸水快，光子吸水12h开始萌发，但毛子由于纤维的覆盖和种皮的特性，吸水24h后才能萌发，萌发时，毛子会吸收更多的水，显著超过光子。硬实的棉花种子（硬子）虽有生活力，但种皮非常坚硬，不透水，在正常的发芽条件下，难以吸水发芽。不孕子（未受精胚珠或虽然受精但不久胚停止生长而未完成发育的种子）是不能萌发的。有些成熟度不好的黄子，可以萌发，但大多会生长成弱苗。

**1.种子成熟度** 由于棉花种子品种、产地、繁育过程中的气候条件、管理水平等多种因素影响，成熟度有很大差异。成熟度好的种子休眠较浅，发芽、出苗率高，出苗快、齐、健。成熟度差的种子休眠期延长，播种后棉种陆续出苗，极易出现苗大小不均、老少几代苗的现象。生产中应采用成熟度好的种子，以达到一播全苗、优质高产、增加效益的目的。

**2.贮存时间与贮存条件** 棉花种子收获后，贮存时间不要太长，最长不宜超过 3 年。棉花种子一般在次年或贮存1年后发芽率最好，之后发芽出苗率呈现下降趋势。贮存条件（如温度、水分、包装材料、包装密闭情况等）对棉种的发芽率和活力影响显著。温度高时，种子劣变快，低温冷藏对种子营养成分变化影响较小，能显著延缓种子劣变。

种子贮存要选择通风条件好、空气湿度低的仓库。自然条件下贮藏的棉花种子，其贮藏含水率成为影响发芽率的主要因素。因此，要确保种子含水率控制在12%以下，含水率高的条件下，贮藏中容易产生热量，热量积累会导致种子发热霉变、丧失生活力。播种前要注意晾晒脱水。贮存棉花种子应使用透气的塑料袋或编织袋。使用不透气的塑料袋、油布等密闭贮藏，则影响种子呼吸，时间过长就会降低棉种发芽率。

**3.棉种处理方法** 棉花种子处理是提高播种质量的途径之一。生产上都使用包衣种子。种衣剂包衣可促进种子萌发，防止细菌侵染，避免病虫害，做到苗全、苗壮。

棉花种子萌发过程中，水分、温度、氧气3个因素都是必需的，而且相互影响、互为因果。大田条件下，每种因素都达到最佳水平是不可能的，但通过整地造墒、调整播期、地膜覆盖、种子处理等各种措施，可以把3种因素协调到一个合理的组合状态，以满足种子对各种环境条件的要求，从而有利于种子萌发出苗。

# 参考文献

董合忠,李维江,张晓洁,2004.棉花种子学 [M].北京:科学出版社:184-209.

胡红玮,巴艳,蒋从军,1999.不同播期对棉花产量的影响[J].农业技术(1):1-6.

黄骏麒,1998.中国棉作学 [M].北京:中国农业科技出版社:155-164.

雷继清,1984.棉花的种子萌发与幼苗生育[J].山西农业科学(2):43-45.

倪金柱,1985.棉花栽培生理[M].上海:上海科学技术出版社:13-44.

农业部全国农作物种子质量监督检验测试中心,2006.农作物种子检验员考核学习读本[M].北京:中国工商出版社:52-79.

孙君灵, 刘学堂, 宋晓轩, 1998. 棉花不同播期对黄萎病发生规律的影响 [J]. 河南农业大学学报, 32(4): 398-402.

王恒铨, 梁志隐, 1982. 河北省棉花播种适期温度指标的探讨 [J]. 河北农业大学学报, 5(4): 1-16.

王玉峰, 2015. 温度对植物种子萌发机制的影响 [J]. 防护林科技 (6): 76-78.

伍均峰, 1998. 棉花播前种子处理八法 [J]. 农村实用工程技术 (4): 14-15.

项时康, 孙善康, 1981. 棉子萌发时的最适含水量 [J]. 中国棉花 (6): 39-40, 22.

许玉璋, 许萱, 1983. 播种期对棉花生长发育、产量和品质的影响 [J]. 西北农学院学报 (3): 76-88.

翟洪民, 2006. 直播棉花一播全苗三步曲 [J]. 江西棉花, 28(2): 41.

周守祥, 1990. 种子生理知识—第四讲种子的萌发生理 [J]. 湖北农业科学 (8): 40-41.

# 第四章
# 棉花根茎叶的形态特征与生长

## 第一节 棉花的根

根系是固定植株、吸收养分和水分、合成氨基酸等含氮有机化合物、激素，以及其他有机养分的重要器官，是与地上部分进行物质交流的代谢器官。它的生长发育状况直接影响地上部的性状和产量。

### 一、棉花根系的生长

棉花种子萌发时，胚根首先长出，迅速深入土中，发育成主根。

主根刚开始生长时并不发生侧根，当子叶平展后，开始长出第一批一级侧根；出苗后10～15d，第一片真叶平展前，已长出第一批二级侧根；二叶期侧根明显增多，三叶期侧根可多达80～90条。现蕾前，主根可扎入土壤70～80cm，侧根可水平伸展40cm左右。

蕾期根系的生长达到高峰，主根平均每天向下生长1.2～2.5cm，其生长速度比地上部分快2～3倍。开花前，主根入土深度为100～170cm，侧根向四周扩展至50～70cm，新生的支根大量分布在10～40cm耕层（图4-1）。开花前棉花根系基本形成。

进入花铃期，主、侧根生长开始减弱，主根每天向下生长仅0.5～1.0cm，缓慢而不规律。毛根生长十分旺盛，根系吸收进入高峰期。

进入吐絮期，根系活动机能逐渐衰退，吸收矿物营养能力逐渐下降。

棉花的根系在土壤中的生长呈S形曲线增长变化规律。不同生态类型、种植模式和品种类型的棉花根系

图4-1　棉花根系的分布

生长动态规律具有一定的差异。黄河流域棉区，棉花主根长度及粗度变化表现为苗期生长慢，蕾期生长最快，花铃期生长变慢，最后趋于停止。夏播棉的盛蕾期和初花期是主根与侧根增长速度最快、侧根数量最多的时期，开花后，支根开始减少，吐絮时，侧根逐渐减少。

## 二、棉花根系的形态

棉花的根属直根系，由主根、侧根、支根、毛根和根毛组成。主根由胚根前端的顶端分生组织发育而成，主根上着生出侧根，侧根上长出支根，支根上再生出毛根，幼嫩毛根前面的部分表皮细胞分化为根毛。由根的各级分枝和根毛组成了发达的根系网，实现根系的功能。不同的种植方式下，棉花的根系形态也略有不同。在河北省主产棉区以露地直播和地膜覆盖2种种植方式为主。

露地直播棉田。种子萌发时，胚根向下生长形成主根，子叶平展后开始分生一级侧根。一级侧根大多呈四行排列，向四周近乎水平延伸，而后斜向下层生长。一级侧根生长点后约5cm处分生二级侧根，之后继续分生下一级侧根，侧根的根尖部分分生大量根毛。一年生棉花主根可深达200cm。侧根发达，分布广，横向扩展可达60～100cm。大部分根系分布在地面下10～40cm的土层，越向下，侧根越短，伸展范围越小，构成了倒圆锥形根系（图4-2）。

地膜覆盖棉田。地膜覆盖具有增温和保湿效应，这种条件下棉花主根入土不及直播棉深，侧根的发生离地面较近，一般在离地面2～3cm处，且分布广而长。上层土壤中侧根数量多而密集，支根和小支根多而发达，形成上密下稀的伞状形根系（图4-3）。

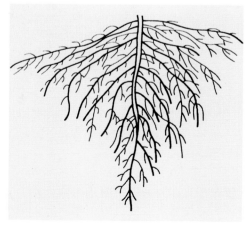

图4-2　露地直播棉花的根系形态

（引自：中国农业科学院棉花研究所，2013.《中国棉花栽培学》）

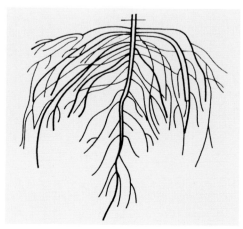

图4-3　地膜覆盖棉花的根系形态

（引自：中国农业科学院棉花研究所，2013.《中国棉花栽培学》）

### 三、棉花根系的结构

根系是棉花吸收水分和养分的关键器官，同时还具有输导、固定和合成功能。它的生长和吸收作用主要在根尖部分，根尖是棉株生理机能最活跃的部分，侧根的生长、主根的下扎、养分和水分的吸收，以及相关物质的合成都集中于根尖。

根尖包括四部分，分别是根冠、分生区、伸长区和根毛区。

根冠位于根尖的最前端，具有保护生长点的作用，由许多薄壁细胞组成。这些细胞分泌含有多醣、果胶质的糖体，可润滑土粒表面，利于根系深入土壤。根冠的另一重要的生理作用是使根的生长具有"向地性"。

分生区是根系的生长中心，又称为生长点，由此分化出根的各个部分。

伸长区是根系延伸的主要部位，同时开始组织分化，逐渐形成原生木质部的导管和原生韧皮部的筛管。

根毛区的组织分化已趋成熟，也称成熟区，是根系吸收水分和养分的主要部位。随着根尖的不断生长，新的根毛不断形成，并向下部和四周逐渐扩展，使得根系吸收范围不断扩大。

棉花根系的内部结构，从外向内包括表皮层、皮层和中柱（维管柱）3部分（图4-4）。

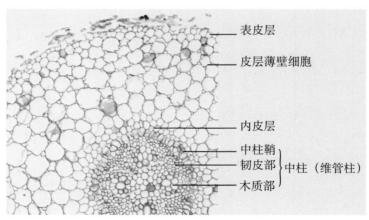

图4-4　棉花幼根的部分横切面

表皮层位于初生根的表面，是一层形状扁平、排列紧密的薄壁细胞，其中，有些细胞外侧壁上具有毛状突起，形成根毛。水分和溶质可以自由通过表皮层，根的表皮和根毛的主要功能是吸收水分和养分。

皮层位于表皮细胞之内，由多层较大的薄壁细胞构成。皮层细胞内含有棉酚和花色素苷。靠外的一层或几层细胞排列较紧密，无间隙，称为外皮层。在根长粗后，这些细胞和表皮细胞就会被挤掉，并形成新的保护组织。皮层最内的一层细胞，排列十分紧密，通常被称为内皮层，它的细胞壁上有一种特殊的加厚，称为凯氏带。皮层具有多种生理功能，如将表皮吸收的水分和养分输送到中柱内，将茎叶制造的碳水化合物进一步合成蛋白质或转变为淀粉贮藏起来，含氧的空气可沿细胞间隙输送到分裂旺盛的生长点和其他部分等。

中柱位于内皮层以内的中轴部分，是棉根的输导组织，使主根和侧根连接地上各部分。根的输导组织有2种：一种是主要输送水分的，包括导管和管胞；一种是主要输送养分的筛管。导管的外形像缩小的竹筒，其功能是往上运送水分和无机养分。在导管的周围有很多管胞、纤维细胞和一些薄壁细胞。管胞是长梭形细胞，幼小时能传导水分，老化时主要起支撑作用；纤维细胞呈长线形，紧合在一起，支撑保护导管；薄壁细胞可以传导和贮藏养料。这四部分构成导管组织，因为它们的细胞壁木质化（薄壁细胞除外），所以叫作木质部。筛管是由许多管形活细胞一节一节连接，在2个细胞连接处有筛孔，养料通过筛管和筛孔运送。筛管旁边连有伴细胞，周围有纤维细胞和薄壁细胞，这四部分构成筛管组织。它们包围在导管组织的外面，且细胞细长而有韧性，容易从木质部剥离下来，所以叫作韧皮部。导管组织和筛管组织中间有一层薄壁细胞相隔，这一层细胞叫作形成层，属于分生组织。形成层细胞不断分裂产生新细胞，向内形成导管组织，向外形成筛管组织，使各部分不断生长加大。随着根的变老加粗，表皮层及外皮层被挤掉后，外围形成一种黄褐色的周皮，继续保护内部组织。

## 四、影响棉花根系生长、分布的因素

1.土壤水分　　土壤水分含量对棉花根系生长的影响具有直接性。土壤水分缺乏时，主根下扎深，但侧根发育不良；土壤水分过多，主根生长至地下水面时将不再继续下扎，侧根数量也明显减少，导致根系总量不足。这是因为土壤水分过多，减少了土壤内空气含量，影响根系呼吸，不利于根系生长。各个生育时期，根系对水分的需求不同，苗期应保持土壤含水量在田间持水量的60%左右，花铃期应在80%左右，成熟期对水分的需求量则小一些。

不同的灌溉方式影响棉花根系分布。膜下滴灌小滴头流量下，根系紧紧围绕滴管口附近，其分布范围窄而深，结构紧凑；而大滴头流量下，土壤含水量较高，根系分布范围宽而浅，结构松散。不同的灌溉方式主侧根的分布不同，在土壤中形成的二维平面几何图形也有较大差别，常规沟灌呈"垂直断面伞形"或"扇形"；膜下滴灌根系偏向滴灌带和膜内侧生长，呈不对称的根系构型。

2.**土壤养分**　土壤养分也是影响根系生长的主要因素。土壤肥力适宜时，根系生长良好，当土壤缺肥时，生长变差。适量增施肥料，则根系发达；施肥量过多，地上部植株生长过旺，消耗较多的有机营养，影响有机营养向根部输送，根系反而不发达。而且，施肥量过大，土壤溶液浓度增加，根系吸收功能减弱，造成生长缓慢。

3.**土壤温度**　适宜根系生长的土壤温度为18～24℃。温度低时，根系生长缓慢，吸收能力减弱。土壤温度在18℃时，根的平均生长速度为每小时0.9mm，而土壤温度上升到22℃时，根的平均生长速度为每小时1.25mm。夏季中午棉田灌水，使土壤温度突然降低，根系的吸收活动骤然减缓，易造成蕾铃脱落。因此，棉田灌水以早晨或傍晚为宜。

4.**土壤结构**　土壤是棉花根系生长发育的直接附着物，土壤的结构影响根系生长。研究认为，根系干重随土壤容重的增加而逐渐减少，较小容重的土壤根系容易早衰，较大容重的土壤不利于棉花根系的生长发育，容重为1.2～1.3g/cm³是最适宜棉花生长和充分发挥根系生产力的理想土壤紧实度。土壤紧实度低时，棉花根系显著增大，土壤紧实度增大，机械阻力大，通气不良，影响下扎，不利于根系生长。

5.**棉花品种**　杂交棉品种的根系早发易衰，常规棉晚发迟熟，耐旱碱棉根系晚发晚衰；不同品种根系停止生长的时间有所不同，生产上的调控措施应在根系停止生长前实施。杂交棉品种的根系生物量、根系直径、根长密度、根表面积等指标均显著高于常规棉。耐旱品种的主根长，各级侧根的数量及长度高于非耐旱品种。

6.**栽培措施**　在耕作方式上，免耕棉花的根系生物量、体积高于翻耕方式，但分布较浅，前期生长旺盛，后期易出现早衰。而翻耕方式的棉花根系则主要分布在较深的土层，吸收功能较稳定。

在种植方式上，与露地棉相比，地膜棉苗期、蕾期主根平均下扎速度均高于露地棉，且苗期的增幅高于蕾期，而铃期根系生长速度则明显低于露地棉。地膜棉根长的日增长量比露地棉提前达到最大值。但也有研究指出，地膜棉后期根系生长缓慢，植株易出现早衰。

## 第二节　棉花的主茎和分枝

主茎支撑着棉花的地上部分，是棉株的"躯干"，并将地下的根系和地上的枝、叶、花、铃等各个部分连接在一起，是上下输送水分和养分的通道。

## 一、主茎的形态

棉花主茎是由顶芽发育而来。顶芽的生长点特别活跃，可不断地向上分化和生长，在子叶平展时，顶芽中已分化出4个叶原基。随着棉苗的生长，已有的叶原基不断地分化和生长，形成棉花主茎上的真叶，并形成相应的节间。其分化顺序是：先形成一片真叶、节，然后形成一个伸长的节间，按此周期不断生长，使主茎不断增高。

棉花的主茎一般为直立的圆形，下粗上细，嫩茎的横切面略呈五边形。子叶着生处称为子叶节，真叶着生处称为节，节与节之间称为节间。第一片真叶着生的位置称为第一节，子叶节与第一节之间的节间称为第一节间。主茎节间长度基部最短，中部最长，上部又较短（图4-5）。

棉花株高指从子叶节到主茎顶端的高度。其株高因种和品种而有较大差异，陆地棉中熟品种株高一般为100～150cm，海岛棉株型较陆地棉高大，最高可达300cm，亚洲棉和非洲棉相对较矮小。另外，栽培方式、环境条件对株高也有较大影响。

图4-5　棉花单株

棉花主茎的色泽（图4-6）。棉花幼苗主茎的体表组织内含有较多的叶绿素，常呈绿色。随着棉株的生长，茎秆逐渐老熟，近表层细胞内的叶绿素含量减少，同时经过阳光的照射，花青素逐渐增多，茎秆也自下而上逐渐转红。然后，这些部分逐渐又被新形成的周皮所替代，茎秆颜色则变成土棕色或灰褐色。主茎的色泽变化可作为衡量棉株长势的标志，红茎比适宜，说明棉株生长健壮；红茎比例过大，则是肥水不足或病虫危害导致棉株早衰的表现；红茎比过小，往往是由于肥水过多，棉田郁蔽，光照不足，长势偏旺的表现。

图4-6　棉花主茎的色泽

## 二、主茎的结构与功能

茎是棉株体内水分和养分运输的必要通道。根系吸收的水分和无机养分通过茎运送到叶片，成为制造各种有机养料的原料；而叶所制造的有机养料也必须通过茎运送到根系和其他部位被利用，或在茎中暂时贮藏。茎不仅是上下输送水分、养分的通道，而且还是地上部的支撑器官。

茎的内部结构也和根一样，分为表皮层、皮层和中柱3部分（图4-7）。

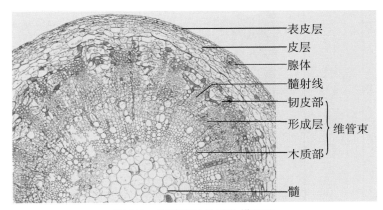

图4-7　棉花幼茎的部分横切面

表皮层为幼茎最外面的一层细胞，近长方形，细胞外壁角质化，并附有角质膜。幼茎表皮常有气孔和茸毛。这些与根不同的构造，适应于茎所处的地面环境，有减少表面水分蒸腾及阻止病菌侵入的作用。

皮层靠近表皮部分为厚角细胞，靠近中柱部分多为薄壁细胞，皮层细胞中含有叶绿素，能进行光合作用，制造部分养料，同时也具有贮藏养分的功能。

中柱由维管束、髓、髓射线等组成。维管束由导管组织（木质部）、筛管组织（韧皮部）和形成层组成，一束一束地呈环状排列在主茎的中央部分，与根的维管束相连；导管在内，筛管在外，形成层在中间。维管束细胞和根部的相同，其功能也相同。筛管是由上向下输送有机养料的主要通道。导管则是由下向上输送水分和无机养料的主要通道。茎和根的内部结构有一个不同的地方，就是茎的中心，始终保持一部分薄壁细胞，称为髓。而根的中心却是最初生成的导管组织。茎内维管束之间有一些薄壁细胞，称为髓射线，髓与皮层之间由髓射线相连，其薄壁细胞有传输代谢物质和贮藏养分的作用。在维管束的外围有一层叫作中柱鞘细胞。

随着棉花的生长，茎内部导管组织和筛管组织不断增加，原来在外围的表皮层和皮层被撑破，逐渐破坏，由中柱鞘细胞产生的周皮层，继续起保护作用。

## 三、主茎的生长

一般情况下，陆地棉主茎生长速度表现为苗期慢，现蕾后加速，盛蕾后明显加快，开花前后生长速度最快，至盛花期生长速度减慢。主茎的生长通常由两部分构成：一是节的分化，即节数的增多；二是节间的伸长。一般苗期、初蕾期，叶面积较小，合成的有机营养不足，主茎节间伸长和节的分化均较慢；随着棉株的生长，叶面积增加，合成的有机营养充足，加之温度逐渐升高，主茎节间伸长和节的分化同时加快。从盛蕾期到盛花期是主茎高度增长最快的时期，之后体内养分分配发生变化，以生殖生长为主，养分大量供应棉铃发育，主茎生长又转慢。

主茎的生长速度是衡量棉花长势的重要指标。主茎生长过慢，表示水肥供应不足，棉株分枝少，叶面积小，现蕾少，植株矮小，不能高产；主茎生长过快，表明水肥供应过多，枝叶茂盛，棉株徒长，蕾铃发育营养不足，造成脱落增多而减产。

## 四、棉花的分枝

**1.分枝的形态** 棉花的分枝是由主茎的腋芽分化发育而成，分为果枝和叶枝（营养枝）。果枝一般着生于主茎的中上部各节，果枝上的节通常称为果节。果枝与主茎的夹角较大，同一果枝上相邻两果节之间呈左右弯曲形状，因此，果枝称为多轴分枝。果枝每节有一叶，叶序为对生，果枝上直接着生花蕾，在同一个果节上，花蕾与叶片相对着生，果枝节间的多少、长短受遗传特性和栽培技术的影响较大（图4-8）。

叶枝一般着生于主茎下部的几个节上，叶枝与主茎的夹角较小，枝条斜直向上生长，称为单轴分枝。叶枝每节有一片叶子，叶序为螺旋互生，

图4-8 棉花的果枝

叶枝上不直接着生花蕾，要在枝上再长果枝才能长花蕾、棉铃（图4-9）。田间肥水条件好，棉花长势旺盛时，叶枝偏多。

**2.果枝的类型及株型** 棉花的果枝分为有限果枝和无限果枝两大类。有限

果枝包括零式果枝（图4-10）和一式果枝（图4-11）2种。零式果枝无果节，铃柄直接着生在主茎叶腋间。一式果枝只有1个果节，节间很短，棉铃常丛生于果节顶端。这种类型的棉铃常大小不均匀。

无限果枝的果枝节数多，在条件适宜时，果枝可不断延伸增节，生产上推广的品种多数为无限果枝类型（图4-12）。此种果枝型的棉花株型，可根据果枝节间的长短划分为紧凑型（果枝节间长度2～5cm）、较紧凑型（节间长度5～10cm）、较松散型（节间长度10～15cm）和松散型（节间长度

图4-9　棉花的叶枝

15cm以上）。当前生产上大面积种植的陆地棉品种大都属于较紧凑型和较松散型。有些长果枝的海岛棉品种属松散型。此外，也有少数品种属于混合型，同一棉株不

图4-10　零式果枝单株

图4-11　一式果枝单株

同部位兼有无限和有限2种类型的果枝。

株型是作物形态特征及空间的排列方式，是作物为适应所处环境而表现的形态结构。棉花的株型是根据果枝和叶枝的分布情况以及果枝的长短而形成的，属于综合性状，包括株高、果枝长度、主茎节间长度、果枝节间长度、总果节数、总果枝数、有效果枝数和果枝夹角等多个株型构成因素。

棉花的株型分为4种类型：①塔形。下部果枝较长，上部渐短，果节较多，株型较紧凑，群体光能利用较好，属于理想的株型，多数陆地棉品种的株型为这种类型。②伞形。下部

图4-12 无限果枝单株

果枝较短而上部果枝较长，一般是由于打顶过早，肥水过多造成。③筒形。上部和下部果枝长度相近，叶枝少，株型紧凑，适宜于密植。④丛生形。主茎较矮，下部叶枝多而粗壮。生产上的品种株型以塔形和筒形较为常见（图4-13）。

图4-13 棉花株型

A.塔形；B.筒形

株型是重要的、综合的农艺性状，与作物生产密切相关。在特定的自然条件下，植株个体发育与群体结构相协调，合理的个体株型与群体结构是植株获得较高生物学产量的重要前提。研究表明，高产棉花品种在株型结构上具有以下特征：一是植株有适当的高度，株高增长相对平稳，变幅较小，有利于调节棉株营养生长和生殖生长的矛盾，防止蕾期旺长；二是主茎及果枝间长度分布均匀，第一果节节间较长，横向生长势弱，植株为塔形；三是叶片较小，且与水平面夹角大，叶层分布均匀，株型疏朗，消光系数小，有利于改善植株内部的光照条件，提高光合效能。

## 第三节　棉花的叶片

### 一、棉花叶片的形态

棉花的叶片分为子叶、先出叶和真叶。

1. **子叶**　棉花的子叶多为肾形，也有少数品种子叶呈铲形。子叶为2片对生，颜色一般为绿色，偶有黄色，红叶棉的子叶为红色（图4-14）。子叶叶基有红斑，极个别品种无红斑。

图4-14　不同颜色的子叶

子叶的大小因品种的不同而有差异（图4-15）。在未长出真叶前，种子发芽和幼苗生长所需的养分，主要由子叶内贮藏和子叶制造的养料来供应。子叶随着棉苗的生长而长大，一般至蕾期停止生长，中后期黄枯脱落，但也有到吐絮期仍不脱落的。

2. **先出叶**　先出叶位于分枝基部的左侧或右侧，是每个枝条和枝轴抽出前先长出的第一片不完全叶。大多无叶柄和托叶，多为披针形、长椭圆形或不对

图4-15 不同大小的子叶

称卵圆形，生长一个月左右自然脱落，所处部位和形态均与托叶相近，常常被误认为托叶。

**3.真叶** 真叶按其着生部位不同分为主茎叶和分枝叶。棉花出苗后，从2片子叶中间，生出顶芽，长成茎，主茎叶指在茎的每一节上生出的真叶。分枝叶为果枝和叶枝上每一节生出的真叶。通常见到的主茎和分枝节上着生的真叶都是完全叶，完全叶分为叶片、叶柄、托叶3部分（图4-16）。真叶的叶片为掌状分裂，一般有3～5个裂片。第1片真叶为全缘，叶片也较小，从第3片真叶开始有3个裂片，5片真叶后以5裂为主（图4-17），生育后期的叶片裂片数减少。

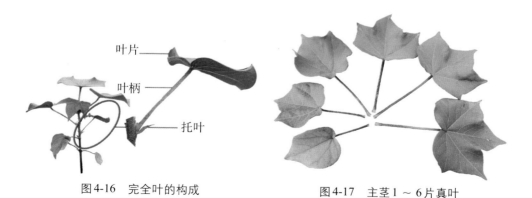

图4-16 完全叶的构成          图4-17 主茎1～6片真叶

裂片的宽窄和裂口的深浅因棉花的种或品种不同而不同，是区分棉种或品种的一个重要特征。叶片形状有阔叶、掌状叶、鸡脚叶、超鸡脚叶、圆叶、杯状叶等（图4-18）。

图4-18　叶片的不同形状

A.阔叶：叶裂刻长度不及叶片长度的1/2，裂片呈宽三角形；B.掌状叶：叶裂刻长度超过叶片长度的1/2，叶片近卵圆；C.鸡脚叶：叶裂刻长度约为叶片长度的2/3，裂片狭长，形似鸡爪；D.超鸡脚叶：叶裂刻接近叶柄，裂片狭窄，形似柳叶；E.圆叶：叶无叶裂刻或不明显，叶片顶部无明显的尖，叶片长与宽相当规模；F.杯状叶：叶片向上向内翻卷，形似瓢杯

## 二、棉花叶片的结构

棉叶的结构包含上下表皮层、叶肉和维管束3部分。

棉花成熟叶片上下表皮层靠外的细胞壁上都有较显著的角质膜，为角质层，像"皮"一样覆盖在叶子的表面，起到保护作用，如抗风、抗霜冻、抵抗病菌和昆虫的危害，同时减轻紫外线的灼伤，以及控制叶温等作用。上下表皮层都是一层细胞，上面分布着许多气孔，下表皮的气孔数目比上表皮多一些。气孔是水蒸气、氧气和二氧化碳等出入的孔道。表皮层上（特别在叶脉的表皮层上）

还有许多由表皮细胞突起形成的表皮毛（又称茸毛），是由表皮细胞形成的形状
细长、顶端尖锐的单细胞毛，这种毛可以单个生长，也可以2～5个聚集在一
起。叶片和茎枝上茸毛的多少是棉花品种的一种重要特性。茎叶上茸毛的多少
和有无，与抵抗若干害虫有密切的关系。一般陆地棉棉株幼嫩部分茸毛较为稠
密，老龄部分茸毛较少（图4-19）。

5mm

图4-19　多茸毛的叶片

　　叶肉组织分为几层细胞，上表皮层下面的一层细胞为栅栏组织，细胞呈长
圆柱形，排列紧密，细胞中充满了叶绿体，此层细胞约占叶片厚度的1/2；栅栏
组织下边和下表皮层上面的细胞，为海绵状组织，细胞呈圆形或椭圆形，排列
较疏松，细胞间隙较大。叶肉组织是光合作用的场所。

　　叶片中的维管组织以维管束的形式存在于叶脉中。叶的维管束是从主茎的
维管束分枝而来，从叶柄中部通过，分到中脉（主脉）、侧脉，最后分到细脉，
到达叶肉的细胞间，形成网状脉序系统，遍布于全叶片。叶脉（脉序系统）担
负的主要功能有：一是在蒸腾流中运输水分和溶质；二是将光合作用的产物运
输到棉株其他部分。

　　叶脉中维管组织的排列一般是木质部在上面，韧皮部在下面，尤其在主脉
（中脉）和大的侧脉中因结构较为复杂而更加显而易见（图4-20）。

　　棉叶上有棕褐色的多酚色素腺体，又称油点。在叶背面，主脉离叶基约1/3
处有蜜腺一个，有些品种在侧脉上也有蜜腺。蜜腺能分泌蜜汁（图4-21）。

## 三、棉叶的生长

　　棉子刚萌发出土时的营养来源主要靠子叶内贮存的养分，子叶张开平展后
可以进行光合作用，制造养分来提供幼苗的生长。两片子叶迅速长大，前10d

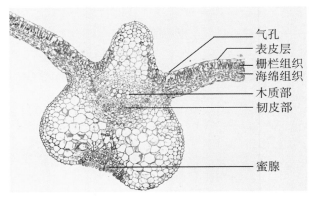

图4-20　棉花叶片横切面（通过主脉上的蜜腺）

图4-21　叶片上的蜜腺及色素腺体

长得最快，可达最大叶面积的95%。同时，两片子叶中间的顶芽不断分化，向上生长成主茎，在主茎的每一节上长出一片真叶。

在常规密度条件下，棉花从出苗到打顶，一般约有20片主茎叶。棉苗真叶出生速度与温度呈正相关。当气温在14℃时，约经20d生出第一片真叶，16～18℃时经10～12d，25℃时经5～7d。早熟品种或是苗期营养条件好，第一片真叶出现较快。第一片真叶出现后，顶芽继续向上生长，平均每2～6d长出1片真叶，栽培条件适宜，气温越高，两片真叶出现间隔的时间也就越短。

通常叶片长和宽同时生长，因此，正常生长的叶片形状在后期并不改变。叶片生长最快为展开后的最初几天，之后生长减缓，30d以后基本停止。研究表明，主茎叶展开后10d内，每日平均增长10～15cm$^2$，10d后每日平均增长2～3cm$^2$，20d后仅1cm$^2$。果枝上的叶片增长速度较主茎叶缓慢，叶片展开后10d内，每日平均仅增长5～6cm$^2$，果枝上开花果节的叶片增长速度更缓慢，每日平均不到1cm²。

棉花叶片大小受品种和栽培条件的影响。一般早熟品种单片叶面积较中、晚熟品种小。同一棉株以主茎叶最大，叶枝上的叶次之，果枝上的叶最小。主茎叶下部叶较小，中部叶较大，顶部叶又变小。肥水充足条件下，细胞体积增大，含水量高，细胞壁较薄，所以单片叶面积较大。

正常叶片的寿命，中早熟品种为65d左右，中熟品种为82d左右，中晚熟品种为77d左右，平均为75d。棉叶寿命有随叶位上升而递增的趋势，棉叶从边缘开始发黄至枯落所经历的时间约为5d。

棉花主茎叶在茎秆上呈螺旋互生的排列方式，陆地棉每8片主茎叶恰好绕主茎轴3圈，这种螺旋叶序称3/8螺旋式，其主茎上的第9叶与第1叶恰好上下重合，相邻两片主茎叶平均绕茎轴135°。海岛棉的叶序呈3/8螺旋式排列，也有少数表现为2/5螺旋式，即5片主茎叶绕轴2圈。亚洲棉叶序通常为1/3螺旋式，即3片主茎叶绕轴1圈，相邻两叶平均交角120°。

## 四、棉花叶片的功能

**1. 光合作用**　棉花叶片最主要的生理功能是光合作用。叶片内含有叶绿素，利用日光能将从气孔吸收的二氧化碳和从根部吸收的水进行光合作用，合成有机养分，以供应棉株各个器官（如根、茎、叶、蕾、铃、种子和纤维）发育需要。棉花的生物学产量和经济学产量主要来源于叶片的光合作用。

研究发现，光照、温度、大气$CO_2$浓度以及空气湿度对棉花的光合作用均有显著影响。一般认为，叶片既有光补偿点，也有光饱和点，在光补偿点和光饱和点之间，棉叶的净光合速率随光照强度的升高而升高；光饱和点与叶位有关，不同叶位叶片的光饱和点不同。温度通过影响有关光合酶的活性和呼吸强度而影响棉叶净光合速率，最适宜温度为24～32℃，在这一温度范围内，随光照强度的升高，最适温度也随之提高；棉叶净光合速率随$CO_2$浓度的升高而升高。

大田生长的棉花叶片光合速率的日变化有2种类型，即早晨低，中午高，下午又逐渐降低的单峰型，以及在中午又出现低谷的双峰型。前者不存在"午休"现象，后者则出现"午休"。这既与基因型有关，也与环境条件和特定季节有关。

**2. 蒸腾作用**　蒸腾作用是植物通过表皮层的气孔和其他表皮细胞的蒸发，而失去水分的一种作用。根从土壤中连续不断地吸收水分，叶片从气孔中不断地蒸腾水分，在根、茎、枝、叶的导管中连成川流不息上升的水柱，充分供给棉株所需要的水分和无机养分。

蒸腾作用可使叶片的细胞保持最合适的紧张程度,进行正常的光合作用和生长,有些植物在100%相对湿度下,反而不能正常生长。

蒸腾作用还可以保持棉株组织的温度不致过高,以免在强烈阳光下被灼伤。在炎热的夏季,阳光直射下,温度可高达40℃以上,棉株要大量蒸腾水分,水分在气化时吸收大量热量,其叶温可比气温低3～4℃,保证叶片各种生理作用的正常进行。

3.贮藏作用　棉花的叶片还有暂时贮藏营养物质的作用。叶片将白天光合作用合成的葡萄糖转变成淀粉,暂时贮存在叶肉细胞内,夜间淀粉分解为可溶性糖输出叶外。一般在晴天条件下,从傍晚至次日早晨,棉叶干重可下降20%。

棉花叶片的干重不仅有昼夜的变化,而且晴天积累干物质多,阴雨天较少,因此,叶片也能利用贮藏的营养物质进行调节。

4.吸收作用　棉花叶片表皮层的气孔和角质层都有一定的吸收功能,且吸收速率快。由于棉花叶片表面的吸收能力强大,在棉花生长过程中,利用这一性能,可通过喷施生长调节剂调节其生长和发育,喷施各种叶面肥弥补根系吸收功能的不足,喷施农药防治病虫害等。

# 参考文献

陈布圣,1982.棉花器官的形态建成及其生理——第三讲　叶的生长及分化[J].湖北农业科学(5): 36-40.

董合忠,李维江,唐薇,等,2006.大田棉花叶片光合特性的研究[J].山东农业科学(6): 7-15.

杜雄明,1996.棉花果枝类型划分的统一化[J].中国棉花(4): 19.

付远志,薛惠云,胡根海,等,2019.我国棉花株型性状遗传育种研究进展[J].江苏农业科学,47(5): 16-19.

郭香墨,李根源,汪若海,等,1992.陆地棉茸毛与抗棉蚜性关系的研究[J].华中农业大学学报(11): 36-40.

纪从亮,俞敬忠,刘友良,等,2000.棉花高产品种的株型特征研究[J].棉花学报,12(5): 234-237.

江苏省农业科学研究所经济作物研究室,1975.棉花的一生[M].上海:上海人民出版社: 9-24.

姜益娟,郑德明,翟云龙,2008.不同灌溉方式的棉花根系在土壤中的分布特征[J].塔里木大学学报,20(1): 1-5.

李亚兵,许红霞,张立桢,等,2002.不同类型棉花品种根系空间生长规律的研究[J].华北农学报,17(1): 109-113.

李垚垚,刘海荷,陈金湘,等,2008.棉花根系研究进展[J].作物研究,22(5): 449-452.

李永山,冯利平,郭美丽,等,1992.棉花根系的生长特性及其与栽培措施和产量关系的研究I

棉花根系的生长和生理活性与地上部分的关系 [J]. 棉花学报, 4(1): 49-56.

李正理, 1979. 棉花形态学 [M]. 北京: 科学出版社: 44-85.

平文超, 2011. 冀中南棉区棉花根系特征及与地上器官生长生理相关性研究 [D]. 保定: 河北农业大学.

谭明, 2007. 滴灌棉花根系生长状况调查启示 [J]. 节水灌溉 (1): 41-42.

郑泽荣, 倪晋山, 王天泽, 等, 1980. 棉花生理 [M]. 北京: 科学出版社: 1-67.

中国农业科学院棉花研究所, 2013. 中国棉花栽培学 [M]. 上海: 上海科学技术出版社: 127-171.

# 第五章
# 现蕾与开花

当棉苗生长到一定苗龄，植株内部的生理成熟达到某种程度，温度、光照等条件适宜时，花芽便开始分化。当花芽发育到内部心皮分化时，肉眼即可分辨出幼蕾，此时苞叶基部宽约3mm，称为现蕾。棉田50%棉株现蕾后进入蕾期。花蕾进一步发育成熟，即可开花。

## 第一节　棉花花芽的分化

棉花花蕾是由果枝芽中的花芽发育而成。花芽的分化是生殖生长的开始，花芽分化的时间是作为棉种早熟性的一个判断依据，同时花芽分化的数量对产量也有决定性作用。因此，花芽分化对棉花的产量和品质建成具有非常重要的意义。棉花花芽的分化起始于棉苗的第2～3片真叶时期，在出苗后20～25d，此时的主茎生长点下方果枝始节的位置开始分化，形成第一个一级混合芽，即果枝原基，这是棉株生殖生长的开端。混合芽发生越早，果枝始节就越低。棉株自下而上、由内而外陆续分化混合芽，纵向发育成层层果枝，横向发育成一个个果节。花原基经过20d左右发育成肉眼可见的幼蕾。

### 一、棉花花芽的分化过程

按照花器官的结构，棉花花芽的分化由外而内向心分化，以每一种花器原基的出现为起点，分化过程大体可以划分为花原基伸长、苞叶原基分化、萼片原基分化、花瓣原基分化、雄蕊分化和心皮原基分化（雌蕊分化）等6个时期（图5-1）。

**1.花原基伸长期**　当混合芽的真叶原基分化出托叶时，其顶端生长锥伸长成圆柱形突起，即花原基。此时为花原基伸长期，是花芽分化的开始（图5-1A）。

**2.苞叶原基分化期**　花原基显著伸长后不久，苞叶原基开始分化，起初为上缘光滑、半椭圆形环状突起的第一苞原基，此后第二苞原基和第三苞原基相继分化，随后它们迅速增大，苞原基顶端分化出苞齿（图5-1B）。

3.萼片原基分化期　苞叶分化之后，苞叶内花原基呈椭圆形球体，四周分化出5个环状突起，此为萼片原基。这时从侧面观察，花原基好似一个球体半露出碗边。此后萼片原基迅速形成5个顶端隆起、基部联合的萼片（图5-1C）。

4.花瓣原基分化期　花萼分化之后，花原基顶端中央凹陷，花瓣和雄蕊原基共同体呈圈状隆起，5片花瓣原基在外侧，与萼片突起交替排列，此时为花瓣分化的开始（图5-1D）。

5.雄蕊分化期　花瓣原基分化后不久，在花原基顶端出现褶皱，之后相继出现5个裂片状雄蕊管原基突起，在每个裂片中央突起的内侧成对发生小突起，此为雄蕊原基分化的开始（图5-1E）。

6.心皮原基分化期　在雄蕊管向上生长的同时，雄蕊管中央基部开始分化出3～5枚心皮原基，心皮伸长的同时，雄蕊管也在伸长，在雄蕊管上，由上而下不断分化出雄蕊原基。此时期，幼蕾直径可达3mm，达到现蕾标准（图5-1F）。

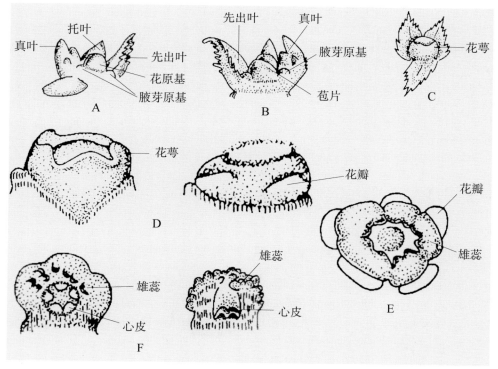

图5-1　花芽分化图

A.花原基伸长期；B.苞叶原基分化期；C.萼片原基分化期；
D.花瓣原基分化期；E.雄蕊分化期；F.心皮原基分化期

（引自：中国农业科学院棉花研究所，2013.《中国棉花栽培学》）

由花原基伸长至心皮原基分化一般需要20d左右。花芽在果枝上纵向分化顺序为：相邻两果枝，相同果节位，花芽分化进程相差1个分化时期；横向分化顺序为，相同果枝，相邻果节位，花芽分化进程相差2个分化时期。

## 二、影响棉花花芽分化的因素

棉花的花芽是由腋芽发育而来，腋芽既可潜伏也可活动，既可发育成果枝也可形成叶枝，其性质取决于遗传特性和生理机制。花芽分化包含许多形态和生理方面的变化，是多种内外因素（如品种基因型、养分、水分、温度、光照、激素等）相互协调、共同调节的结果。

不同品种初始分化时间不同，早熟品种的花原基初始分化时间早于晚熟品种。

适宜的温度（日均22～25℃）也是棉花花芽初始分化的重要影响因素，提前或推迟播种均会导致果枝始节位升高。最适宜花芽分化的温度是昼高夜低。

花芽分化除与外界温度有关外，还与日照时间有密切关系。在8～14h的日照范围内，光照时间越短，越有利于棉苗花芽和果枝的发育。

棉花花芽分化与体内物质代谢之间关系密切。研究认为，播种出苗后，保护子叶和真叶，及早间苗、定苗，提高棉苗的光合作用能力，可以增加棉株体内可溶性糖含量，有利于果枝花芽提早分化。通过研究分析花芽分化过程中生长素（IAA）含量与过氧化物酶（POD）活性变化趋势，推测棉花花芽分化与过氧化物酶活性升高所导致的生长素含量降低有关。也有研究表明，棉花在开始花芽分化时，内源生长素的含量降到低值，而内源脱落酸含量升高到峰值，因此，高水平的内源ABA/IAA可促进棉花的花芽分化。

## 第二节　现蕾至开花

### 一、花蕾的生长发育

现蕾后，雌蕊和雄蕊进一步发育成熟。棉花的雌蕊属于合生雌蕊。随着心皮逐渐长大，各心皮的两缘转为向心生长，两枚相邻心皮的向心部分相互合拢，组成子房各室的隔片。各心皮中央为一主脉，各主脉中央嵌生一薄层薄壁细胞，使该处形成一条纵沟，棉铃成熟时即从此纵沟处开裂。各心皮向心生长部分在子房中央相遇后，其边缘又背心卷回，组成中轴胎座，每边着生一列胚珠。在各心皮的下部形成子房的同时，其上部聚合后向上生长，形成细长的花柱和柱头伸入雄蕊管，待到开花前一天的下午才伸出雄蕊管。柱头上的纵沟即为两心皮相遇的遗迹，此遗迹将来还留在铃尖上。

棉花雌蕊中的雌配子体和雄蕊中的雄配子体分化后，需经过25d左右才能发育成熟。雌蕊中，胚珠原基形成初期，由于一侧生长较快，不断向下弯曲，形成倒生胚珠。胚心原基产生造孢细胞，增大为大孢子母细胞（胚囊母细胞），经减数分裂形成4个大孢子，其中一个大孢子经分裂形成8核胚囊，即雌配子体。开花前，胚珠发育成熟，呈倒梨形，直径不足1mm。雄蕊中，雄蕊原基产生造孢细胞，分裂形成60～120个小孢子母细胞（花粉母细胞），每个小孢子母细胞经过2次减数分裂后，形成4个小孢子（四分体），小孢子进行1次有丝分裂，形成2个大小不等的细胞，较大的称为营养细胞，其胞质内含有最大的淀粉粒；较小的为生殖细胞，只有薄层的细胞质，细胞核具有明显的核仁。分离后的小孢子就是单细胞的花粉粒。小孢子继续发育，体积增大，外壁加厚，刺状突起增生，并产生许多萌芽孔，产生成熟的花粉粒，即雄配子体。

正常情况下，现蕾后一周左右，蕾的生长量较小，体积与干重的增长均较慢。在现蕾后10～17d，体积的增长速度直线上升，干重的增长较体积增长慢，17d后，当蕾长到一定体积，干重增长直线上升，体积增长减慢（图5-2）。

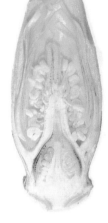

开花前一天蕾的纵切面

图5-2　蕾的生长发育过程

花蕾的生长速度与棉苗的长势有密切关系。长势稳健的棉苗，花蕾体积增大快，干重积累迅速。长势较弱的棉苗，由于营养生长不足，开始生殖生长后，蕾的发育得不到充足的有机物质，表现为蕾小、蕾少。旺长的棉苗，由于营养生长旺盛，消耗了大量的有机养分，花蕾发育得不到足够的营养物质，蕾的体积小而脱落多。

## 二、棉花现蕾规律

全田50%的棉株出现第一个幼蕾，称为现蕾。早熟品种出苗后25～30d就进入蕾期，中熟品种需要40～50d才进入蕾期。黄河流域棉区蕾期一般处于每年6月上旬至7月上旬。棉花的蕾期比较长，一般为25～30d。蕾期经历的时间受品种、温度、营养条件等因素的影响，早熟品种蕾期较短。温度越高，蕾期经历时间越短，靠近主茎的蕾由于营养条件较好，蕾期较短。

进入蕾期以后，棉花主茎上位叶的腋芽陆续分化花芽，同时各层果枝也不断分化新的花芽。因此，现蕾顺序也是比较有规律的，即纵向花蕾自下而上相继出现，横向花蕾由内而外增加。相邻果枝同一节位的花蕾（同位蕾）现蕾间隔2～4d，而同一果枝相邻果节的花蕾（邻位蕾）现蕾间隔5～7d。纵向来看，下部果枝花蕾现蕾间隔期较短，而上部果枝间隔期略长。横向来看，同一果枝近主茎的果节现蕾间隔期较短，越远离主茎间隔期越长。

## 三、棉花蕾期生长特性及管理

### （一）生长特性

棉花现蕾要求的最低温度为19～20℃。在现蕾阶段，气温高低直接影响单株现蕾的数量。一定范围内，温度越高，植株生长越快，现蕾数量也随之增加。温度过低，则延迟现蕾；但温度过高也不适宜，温度高于30℃则会抑制腋芽的发育，顶芽生长旺盛，反而造成现蕾缓慢。蕾期的适宜温度为25～30℃，此时枝叶生长迅速，现蕾速度加快，现蕾至开花的间隔缩短。棉蕾生长持续期长，主茎停止生长后，中上部果枝仍可以继续现蕾；但过晚出现的蕾，所形成的棉铃到霜前已无法成熟吐絮，在生产上被称为无效蕾。

### （二）田间管理

1. 浇水　蕾期是棉花生育进程中产量和品质形成的一个敏感阶段。棉株的生长发育特点仍然是营养生长占优势，以增大营养体为主。这一时期，地下部根系生长速度比株高的增长速度还快，是发展根系的重要时期。这时植株营养体生长很快，并且正在逐步转入生殖生长，加之气温逐渐升高，土壤水分蒸发加大，对水分的需求比苗期有所增加，该阶段的耗水量占总耗水量的12%～20%。此时适宜的土壤含水量为0～60cm土层内土壤含水量平均保持田间持水量的60%～70%。如果这时期缺水受旱，植株则生长缓慢，容易造成果枝少，现蕾数量少，对产量影响很大。黄河流域棉区，蕾期一般雨量偏少，土壤蒸发量大，一般此时底墒水已耗尽，土壤水分常常降至适宜范围以下，需在盛蕾期进行灌溉补水。但应注意的是，蕾期浇水要做到因地制宜，因苗制宜，水肥不宜过多，否则容易造成植株徒长，影响植株生殖生长。蕾期在浇水或者雨后应及时中耕锄草，破除土壤板结，耕深逐次增加，防止植株徒长。

**2.施肥** 棉株要在盛花期前形成比较发达的营养体，以便花铃期有机养料的合成能够满足大量开花和结铃的需要，最终实现棉花的丰产。棉花现蕾后，对营养的需求迅速增加。蕾期吸收的氮量占整个生育期吸收总量的 $11\% \sim 20\%$。因此，棉株在蕾期就应该稳施、巧施一次关键性肥料，采用速效肥和缓释肥相配合、促控相结合的方法，目的是蕾期施、花期用，促进棉花早熟、优质、高产。蕾期棉花根系的主要吸收活动中心在 $10 \sim 15cm$ 的土层深处，伸展广度达到距植株20cm处，因此，应在行间开沟深施，以利于根系吸收。

## 第三节　开花受精

### 一、棉花的花器构造及其发育

棉花的花单生于叶腋，无限花序。花柄较叶柄短。花的最外层是3个分离的小苞叶，绿色，形状似三角形，起着保护花蕾、调节光合能力和制造养料的作用（图5-3）。苞叶通常呈绿色，少数呈紫色，边缘具有 $7 \sim 13$ 齿，苞叶的外侧基部有一个蜜腺，称为苞外蜜腺。苞叶可以进行光合作用、制造养分供给蕾铃发育，摘去苞叶会导致花芽分化变慢及幼铃的早期脱落，而涂抹赤霉素可以代替苞叶的生长刺激作用，因此，花蕾的苞叶可能提供了花芽生长所需的赤霉素。苞叶在开花后2周生长最快，在棉铃成熟后干枯，一定程度上影响采收棉花的品级。

苞叶内是花萼，包含5个萼片，联合呈杯状围绕于花冠基部（图5-4）。

图5-3　苞　叶

花冠

花萼

图5-4　花萼与花冠

花冠位于花萼内侧，由5片倒三角形的花瓣呈覆瓦状排列组成，花瓣基部红斑的有无因品种而异。陆地棉花瓣较大，一般为乳白色，基部少有红斑（图5-4）。花瓣内是雄蕊和雌蕊。

每朵花含雄蕊60～90个，分为花丝和花药两部分，其中，花丝基部联合成管状，与花冠基部连接，套在花柱外面，称为雄蕊管。每个花药含有花粉粒几十至上百个（图5-5），成熟的花粉粒带有黏性，体积大，呈球形，直径为85～105μm，有许多萌发孔，边缘呈刺状突起，色泽多为淡黄

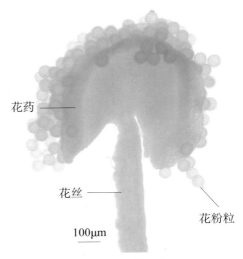

图5-5 雄蕊

色。散粉后，常温下，花粉粒5～6h内生活力较强，随着时间的延长，生活力逐渐降低，超过24h，活力几乎全部消失。高温容易导致花粉粒的败育。

雌蕊位于花的中央，包括柱头、花柱和子房三部分（图5-6）。柱头是雌蕊顶端接受花粉粒的部分，不分泌黏液，呈干性，表面有纵沟，将柱头分成与心皮数目相等的纵棱，纵棱上有柱头毛，便于黏附有刺突的花粉粒。当花朵开放时，柱头伸出花柱与最高花药达到同一高度。柱头伸出的长短除与品种有很大关系外，还与温度有关，温度越高，柱头伸出越长。柱头的授粉能力约可以保持到开花后2d，如果开花当天因为降雨等因素致使柱头未授粉，第二天仍能进行人工辅助授粉。花柱是柱头以下连接子房的部分，一方面支撑柱头到适当位置以便接受花粉，一方面连接至子房，为花粉管的伸长提供通道。棉花的花柱是实心的，中央有传递组织，呈"十"字形排列。花柱在开花前一天生长最快，开花后即停止生长。如果柱头没有授粉，花柱会继续伸长，使柱头突出于雄蕊群，直到失去活力。因此，花柱较长的品种，柱头外露明显，自花授粉比较困难。而柱头较短的品种容易自花授粉。受精后的柱头、花柱连同雄蕊和花冠一起脱落，露出子房。棉花的子房

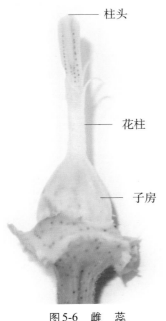

图5-6 雌蕊

属于典型的上位子房，中轴胎座，有 3～5 心皮，多为 4 心皮，每心皮有胚珠 7～11 粒，受精后发育成棉子（图5-7）。

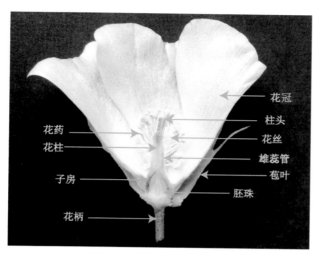

图 5-7　棉花花朵的纵切面

## 二、棉花花朵的形态

不同品种棉花的花冠颜色、形态存在较大差异（图5-8）。陆地棉花大，花冠开展度也大，多呈宽阔的喇叭状，刚开放的花瓣多为乳白色，一般基部无红

图 5-8　不同棉花品种花朵的颜色形态

斑。海岛棉花比陆地棉大，花冠开展度不大，多呈较窄的漏斗状，花瓣颜色为柠檬黄色至深黄色，且基部有红斑。亚洲棉花比陆地棉小，一般为黄色，也有少数白色、红色或者紫色，基部有红斑或白斑。

棉花的5个花瓣呈覆瓦状相互重叠，从上向下看表现出旋向，即花瓣外缘的出向有顺时针和逆时针2种（图5-9）。在果枝基部面向果枝尖部，叶片在果枝左侧，花朵顺旋，叶片在果枝右侧，花朵逆旋。由于棉花果枝叶互生，因此，棉株同一果枝相邻的2朵花的旋向不同。棉花的花瓣旋向有一定的规律，可根据2片子叶与真叶的方位关系推导出该棉株的叶序转向和每个果枝自主茎叶腋的出向，以及全株任一果枝、任一果节花朵的花瓣旋向。

顺　旋　　　　　　　　　　　　逆　旋

图5-9　棉花花瓣旋向示意

### 三、棉花的开花习性

棉花现蕾后，一般经3～4周即可开花，有"蕾见花二十八"之说，变动的范围较小。棉花的开花顺序与现蕾基本一致，按照自下而上，由内而外的圆锥形顺序进行。不同果枝是由下而上开放，同一果枝是由内向外逐节开放。棉花的开花曲线与现蕾曲线基本吻合。

同位花和邻位花的开花间隔期大体与其现蕾间隔期相似，分别为2～4d和5～7d。当有10%的棉株开花时为始花期，开花植株达50%时为开花期，50%植株第4果枝第一节位开花为盛花期。盛花前以营养生长为主，盛花后则以生殖生长为主，因此，这一时期是棉花营养生长和生殖生长矛盾最为激烈的时期，也是产量品质形成的关键阶段。

花冠一般在开花前4～5d加速生长，开花前一天生长速度达到最快。据研究，在开花前一天，花瓣的生长素含量最高，到开花后1d下降到极低水平。开花前1d下午，乳白色的花冠伸长，露至苞叶之外，此时容易识别第二天要开放的花，适宜进行自交纯化（图5-10）和人工去雄（图5-11）。棉花有定时开花的习性，花朵开放时间集中在上午8点到10点，但受低温或降雨影响会略有延迟。到下午三四点以后，花冠开始转为淡红色，并逐渐加深，开花第二天呈紫红色，之后会逐渐萎蔫、干枯，直至连同雄蕊管、花柱和柱头一起脱落（图5-12）。

图5-10　自交纯化

图5-11　人工去雄

棉花花瓣变色与花瓣细胞液中花青素的形成和积累有关。由于开花前花瓣中富含原花青素（花青素前体），经日光照射后形成花青素，开花后器官代谢活动（尤其是呼吸代谢作用）强度增加，使细胞中有机酸积累增多，花青素遇酸性而呈紫红色。环境条件（如光照、温度等）与花青素形成也有关系。日光不足或者温度较低时，不利于花青素的形成。

## 四、棉花授粉受精过程

棉花是以自花授粉为主的常异花授粉作物，天然杂交率一般为2%～16%，天然杂交率的高低常因品种、地点、年份及传粉媒介而异。因此，在一地多品种的情况下，一定程度上增加了品种间混杂的可能性。

棉花的花开放后不久，花药开裂散出花粉粒，此时的花粉活力最高，但通常只能维持几个小时，且不同品种之间差异较大。因此，最佳授粉时间为开花当天上午9点到11点。当花药开裂释放出的花粉粒落到柱头上，花粉粒吸收柱头毛的水分，一般在1h内即开始萌发，生成花粉管，柱头完成授粉。花粉管沿着花柱的细胞间隙向下生长，最终通过珠孔到达子房。由于柱头的每一个纵棱

**开花前1天下午**

乳白色的花冠伸长，露至苞叶之外

**开花当天上午**

棉花有定时开花的习性，花朵开放时间一般集中在上午8～10点

**开花当天下午**

下午3、4点钟以后，花冠开始转为淡红色，并逐渐加深

**开花第2天**

开花第二天呈紫红色

**开花第3～7天**

之后会逐渐萎蔫、干枯，直至连同雄蕊管、花柱和柱头一起脱落

图5-12　棉花花朵开放萎蔫过程

与其下相应的部分花柱和子房同属一个心皮，花粉管总是沿着同一心皮进入相应部分的子房。一般授粉越充分，带到柱头上的生长素、维生素、酶等物质也

越多，雌蕊组织的代谢活动越旺盛，生长素积累也越明显。因此，花粉管到达子房的时间常常与落到柱头上的花粉粒数量有关。花粉粒越多，花粉管萌发越多，花粉管到达子房所用时间也越短，一般只需8h左右。

花粉管到达子房后释放出2个雄核，一个与卵细胞结合成受精卵，最终发育成胚，另一个与2个极核融合成胚乳原核，经过分裂最终发育成胚乳，这一过程称为"双受精"。胚乳细胞在种子发育初期较多，随着胚的增长而逐渐退化。从授粉到受精这一过程需要24～48h，时间受品种和温度等环境条件的影响。受精后的胚珠发育成种子，未受精的胚珠发育成不孕子。

开花和受精过程需要在适宜的温度和湿度下才能顺利进行，一般要求温度在25～30℃、湿度在25%～95%之间。温、湿度过高和过低都会增加败育率。温度超过33℃时，柱头常发生异常变异，长柱头变多，花粉败育率高，影响正常授粉，降低成铃率。此外，降雨也会影响花粉粒活性，使受精失败，造成蕾铃脱落。

# 参考文献

陈布圣，1982. 棉花器官的形态建成及其生理——第五讲 花芽的分化与现蕾、开花规律[J]. 湖北农业科学(9): 38-40.

董合忠，李维江，1999. 棉花花芽分化过程中IAA含量与过氧化物酶活性变化趋势的研究[J]. 棉花学报，11(6): 302-305.

马亮，李飞，张金宝，等，2018. 不同陆地棉品种花芽分化与茎尖内源激素的关系[J]. 江苏农业科学(16): 71-75.

倪金柱，1985. 棉花栽培生理[M]. 上海：上海科学技术出版社：74-89.

任桂杰，陈永哲，董合忠，等，2000. 棉花花芽分化及部分内源激素变化规律的研究[J]. 西北植物学报，20(5): 847-851.

上海市农业科学院，1987. 棉花的生长和组织解剖[M]. 上海：上海科学技术出版社：53-57.

王缨，陈汉经，1962. 棉花蕾铃生长发育的研究[J]. 作物学报，1(2): 137-148.

汪若海，1980. 棉花花瓣旋向的观察[J]. 棉花(4): 39.

张建华，高璆，陈火英，1992. 棉花体内若干生理物质代谢与花芽分化发育的关系[J]. 中国棉花，19(6): 41.

张裕繁，严根土，刘全义，2002. 棉花花瓣旋向与纤维品质育种[J]. 中国棉花，29(11): 14-16.

郑冬官，方其英，1995. 高温对棉花花粉生活力的影响[J]. 棉花学报，7(1): 31-32.

中国农业科学院棉花研究所，2019. 中国棉花栽培学[M]. 上海：上海科学技术出版社：171-179.

# 第六章
# 棉花蕾铃脱落与控制

棉花蕾铃脱落是棉花生产上的一个关键性问题。脱落的严重程度不仅标志着棉花产量的高低，也体现了栽培管理技术的水平。因此，要实现棉花高产、稳产，必须了解蕾铃脱落的生物学规律，掌握防止蕾铃脱落的技术措施。

## 一、棉花蕾铃脱落的比重

棉花蕾铃脱落包括开花前的落蕾和开花后的落铃两部分。通常落铃率高于落蕾率，其比例约为6∶4，在不同年份、地区、品种和栽培等条件下，均有差异，特别是遭遇逆境时，脱落会进一步加重。进入开花期后，呼吸作用旺盛，其他生理过程也相应增强，因而对养分的消耗大大增加，此时稍遇荫蔽、干旱等不利条件，养分供应不足，即会造成幼铃的严重脱落。

## 二、蕾铃脱落部位

蕾铃脱落（图6-1）与其在棉株上的着生部位有一定关系。棉花蕾铃是由下向上、由内向外依次形成，由于蕾铃所形成的时间、在棉株上的位置不同，从而使得蕾铃的脱落在棉株上的分布也不相同。黄河流域棉区一般表现为棉株下部果枝的蕾铃脱落较少，中部果枝蕾铃次之，上部果枝蕾铃脱落最多；就果节而言，越靠近主

图6-1　棉花蕾铃的脱落

茎，脱落率越低，但各部位的脱落率也因种植密度、栽培管理、环境条件等而产生很大变化。若肥料不足，棉株矮小早衰，果枝和果节较少，棉铃一般着生在靠近主茎的果节上，上部果枝及边缘果节上的蕾铃均极易脱落；而在肥力充足、密植的情况下，植株生长过于旺盛，棉株中下部郁蔽，通风透光性差，易造成中下部果枝、内围果节蕾铃大量脱落，甚至完全脱落。

### 三、蕾铃脱落日龄

棉蕾在现蕾以后至开花以前均有脱落，其脱落日龄变化幅度很大。一般现蕾后 10 ～ 20d 的棉蕾较易脱落，且集中于 10 ～ 14d 的蕾，20d 以上的大蕾脱落较少。一般幼铃在开花后 8d 内最容易脱落，其中 60% ～ 80% 集中于开花后 3 ～ 5d，开花后 10d 以上的棉铃很少脱落。

### 四、蕾铃脱落时期

不同生育时期的蕾铃脱落具有一定的规律性，不同棉区脱落规律略有差异。黄河流域棉区通常在开花前脱落较少，开花后脱落逐渐增多，盛花期达到高峰，以后逐渐下降，呈单峰曲线。棉花脱落高峰，主要在 7 月下旬至 8 月上旬，正值花铃期，约占总脱落量的 50%。

## 第二节　棉花蕾铃脱落的原因

### 一、生理因素

由于环境因素改变会引发棉花植株一系列的生理过程，从而造成蕾铃脱落，这种脱落通常称为生理脱落。生理脱落约占蕾铃脱落总数的 70%。主要生理因素包括内源激素、受精作用、有机养分、营养生长、生殖生长等。

1.内源激素　棉花蕾铃中脱落酸（ABA）和乙烯等内源激素的含量与棉花蕾铃脱落率呈显著相关。开花后 1 ～ 5d 未受精的幼铃中，脱落酸与乙烯含量上升，幼铃脱落增加。

2.受精作用　通常未成熟的子房在准备受精之前已生长一段时间，如果未受精，棉铃生命力则较弱，主动吸取有机营养的力量较小，甚至不能利用邻近的叶片所制造的光合产物，极易脱落。如果子房完成了受精过程，其生命力会比较旺盛，即使在它着生的果节上没有叶片，也可以吸取较远叶片制造的养分来满足它的需要，促使子房继续发育直至成熟形成果实，从而在最大程度上避免了脱落的危险。另外，在开花时，如果遇到降雨、高温、高湿、干旱等不良环境条件，会破坏授粉、受精等过程，使子房不能受精而脱落。

3.有机养分　有机养分供应不足、分配不当，也是棉花蕾铃脱落的主要原因之一。棉花的每一个蕾铃都是一个生殖生长的"库"，一旦"库"自身生长发育所需的有机养分不足，均可发生脱落。试验证明，脱落的棉铃在开花第1天时，可溶性糖含量即开始下降，至第3天可溶性糖的含量比不脱落的棉铃低1.5倍。同时铃柄皮层中的淀粉含量一直呈下降趋势，而且始终低于不脱落的棉铃。因此，脱落棉铃离层组织的碳水化合物不足，也是蕾铃脱落的重要生理原因之一。

4.营养生长、生殖生长　营养生长与生殖生长的矛盾，有机养分的分配、运转，不同器官对养分的竞争，三者之间在棉花蕾铃脱落中的作用是相互关联的。首先，铃期不同、铃位不同，对养分的竞争能力不同，通常从强到弱的顺序为铃＞大蕾＞花＞小蕾，而且各生育阶段蕾铃的竞争能力不因养分的供应状况而改变。因此，决定其脱落与否的是有机养分的供应状况。

盛花期的棉株处于生殖生长与营养生长均旺盛的时期，营养器官所制造的养分，既要满足营养器官继续生长的需要，又要供应大量发生的蕾、花、铃的生长之需，而花对有机养分的竞争能力较小，因而在成铃不断争夺、大蕾不断成长的状态下，向花供应的有机养分比较匮乏，致使花的脱落加剧。中后期的棉株营养生长渐趋停止，虽然养分运输已转向生殖生长旺盛的器官，但是所能提供的养分仍远远不能满足全部蕾铃的生存之需，这样便会形成中央部位的成铃向外围与顶部的花、蕾竞争养分，致使竞争能力小于铃的外围、顶部的花与蕾大量脱落。因此，盛花期必须要注意保持功能叶片合成养分的能力，协调好生殖生长速率，全面改善有机养分的供应状况，有助于减少棉花蕾铃的脱落。

## 二、环境因素

与生理脱落有密切关系的主要环境因素有水分、温度、光照、无机营养、病虫害等。

1.水分　水分是影响棉花蕾铃脱落的主要环境因素之一。在农业生产上，主要表现在土壤水分过多或过少对蕾铃脱落的影响，水分过多或过少均可引起棉花蕾铃的脱落。

土壤水分过多时，会加速氮肥的溶解，促使棉株对氮肥的大量吸收，造成棉株徒长，叶片相互遮阴田间郁蔽，株间光照减弱，光合作用受到抑制，而且徒长棉株合成的养分主要用于营养生长，从而导致棉株没有足够的养分供应蕾铃的正常生长，造成中下部蕾铃的大量脱落。同时，过多的土壤水分会使土壤通气不良，氧气不足，影响根系的呼吸和吸收，根系生长受到抑制，主根扎得不深，侧根少而靠近地面，根系吸收减弱，棉株地下、地上生长失调，从而加重蕾铃的脱落。

土壤水分过少时，棉花吸收不到足够的水分，叶片出现萎蔫，蒸腾作用受到抑制，光合作用减弱，代谢过程受到抑制，棉株正常的生长发育受到阻滞，植株变矮变小，果枝果节数减少，营养器官合成的营养极少，很难满足营养生长，更没有足够的养分输送到蕾铃，再加上土壤水分不足时，叶片的吸取能力较强，植株体内营养液会由幼铃倒流入叶肉细胞，从而更增加了蕾铃的脱落。

棉花生长发育最为适宜的土壤含水量为20%左右，当土壤含水量＜20%时，蕾铃的脱落与土壤水分呈负相关，当土壤含水量＞20%时，蕾铃的脱落与土壤水分呈正相关。因此，保证整个生长期棉株正常的水分需要是减少蕾铃脱落的有效措施。

**2.温度** 棉花是喜温作物，温度为25～30℃时，光合作用较强；当温度＞33℃高温时，棉株光合作用受到抑制，不仅减少了有机养分的制造和积累，也提高了叶片的蒸腾能力，同时减少或中断了输向蕾铃的营养，甚至引起蕾铃养分的倒流，从而对开花前幼蕾雄蕊的发育产生较大的影响；当遭遇温度≥35℃超高温时，棉花的生长发育受到明显热害，导致花粉败育、受精不良，造成幼蕾严重脱落；当温度达到36℃时，棉花的光合作用几乎接近于零。因此，夏季高温往往会妨碍棉株光合作用的进行，引起棉株体内有机养分的缺乏，过高的温度还提高了呼吸强度，增加棉株体内有机养分的消耗，减少蕾铃所需有机养分的供应，同时，高温还降低了花粉的生活力，从而增加幼铃的脱落。温度越高，脱落越多。相反，当处于温度≤25℃低温时，一定程度上抑制了棉株的代谢，也会造成蕾铃的大量脱落。

**3.光照** 光照也是影响棉花蕾铃脱落的主要环境因素之一。旺长棉田，田间郁蔽，棉株中下部叶片接受光照不足，中下部脱落偏多。同时，弱光能改变光合产物的类型，使蛋白质多于糖类，促进徒长，降低有机养料的运输速度，而且会抑制花粉发育，降低花粉的发芽能力，影响授粉和受精作用，致使幼铃脱落。

**4.无机营养** 无机营养也是影响棉花蕾铃脱落的主要环境因素之一。氮素能阻碍和减少棉花的蕾铃脱落。氮素充足条件下，叶片保留时间较久，蕾铃脱落极少。在现蕾期和开花期，施用氮磷肥，蕾铃脱落率降低，单株结铃率提高，产量增加；磷不仅能使光合器官在光合作用过程中形成大量糖类，并能促进植物体内的水解过程，加速叶内糖类的迅速外运，使其积累于棉铃中。在棉花现蕾期施肥、花期喷施过磷酸钙水溶液，均是减少蕾铃脱落的有效措施，而且肥料不宜过迟施用，必须在初蕾、初花期间追施肥料，才能降低蕾铃脱落率。

**5.病虫害**　除生理因素和环境因素外，病虫危害也是造成蕾铃脱落的原因之一。一般病虫危害引起的蕾铃脱落占总脱落数的25%左右。枯萎病、黄萎病和其他一些棉叶和棉铃的病害均可造成蕾铃脱落。棉铃虫、蚜虫、棉红蜘蛛、棉盲蝽等害虫也可引起蕾铃脱落。

## 第三节　防止蕾铃脱落的措施和途径

棉花的产量由单位面积株数、单株成铃数、单铃重和衣分等因素决定。因此，在合理密植的基础上，必须采用综合的农业措施，减少蕾铃的脱落，使棉株上、中、下部位均匀结铃，以取得较高的棉花产量。

### 一、适时早播

适时早播，充分利用自然条件，延长棉花生育期，使棉株有可能早发育、早结铃、多结铃。同时注意，播种过早并不能使出苗和生育期提前，反而会因温度低致使棉苗生长缓慢，抗病能力减弱，易遭受病害，蕾铃脱落增加。播种过迟，棉株生长较快，易造成徒长，增加蕾铃脱落。

### 二、培育壮苗

在早播全苗的条件下，通常采用"蹲苗"的手段，适当控制棉花前期的营养生长。"蹲苗"在棉花生长的前期进行，但它的作用几乎可以影响棉花的整个生育期。通过"蹲苗"可以使根系发育良好，扎得深，棉苗营养生长稳健，壮而不旺，营养生长与生殖生长协调，不徒长、不早衰，减少蕾铃脱落，上中下结铃均匀，为丰产奠定基础。

### 三、保证关键水肥

在蕾期到初花期，适当晚浇水，浇水量要小；追肥要稳，选用速效氮肥和缓释肥搭配施用。浇水施肥后，棉花生长较快，这时还要结合深中耕，破坏棉花表层的毛根，促使棉花健壮稳长。如果肥料施用过多，水量不能控制，或是施肥浇水后遭遇雨天，棉花发生旺长，亦可采取深耕切断毛根，限制过多光合产物向根部的运输，使养分集中输送到蕾铃，降低脱落率。

### 四、因棉制宜、合理整枝

高水肥棉田棉花枝繁叶茂，植株荫蔽，易造成蕾铃脱落；旱地棉花水肥不足，易早衰，也易造成蕾铃脱落。通常可先确定要留的果枝数和果节数，并严格掌握"枝够打顶，蕾够打尖，打小不打大，打早不打晚"的原则，及时分次打顶、打尖。及早限制无效果枝和无效花蕾的生长，减少水肥消耗，改善光照条件，可减少蕾铃脱落10%左右。

## 五、化学调控

化学调控是指通过调节棉花植株内源激素系统，实现对棉株生长发育和生理代谢的调控。适时适量进行化学调控，能有效抑制棉株旺长，协调营养生长与生殖生长的关系，保证棉株个体生长发育平衡和稳健，有效减少蕾铃脱落。生产中广泛使用的化学调控试剂有缩节胺、助壮素、矮壮素等。

## 六、加强预测、及时防治病虫害

做好病虫害防治工作，保证蕾铃不受病虫危害，健康生长，是防止蕾铃脱落的有效措施之一。对病虫危害要做到预防为主，早查细查，在发生初期及时用药防治。同时注意，要在下午5点后进行喷药，切勿在上午授粉时间喷药，以免花粉因遇药水而造成花粉粒破裂败育而增加脱落。

## 参考文献

陈金湘，2002. 棉铃形成过程中花器形态量变规律的研究[J]. 棉花学报，14(4): 204-208.

邓忠，翟国亮，王晓森，等，2017. 灌溉和施氮策略对滴灌施肥棉花蕾铃脱落的影响[J]. 灌溉排水学报，36(8): 1-6.

高登东，龙新明，2002. 浅析美棉系列转Bt品种结铃性差及产量低的原因[J]. 中国棉花，29(3): 35.

高瓒，马克浓，1982. 棉花的产量形成及其诊断[M]. 上海：上海科学技术出版社: 313-334.

辜永强，刘静，李茂春，等，2019. 新疆喀什棉花蕾铃脱落气象条件分析及防御对策[J]. 中国棉花，46(7): 42-43.

古丽巴合提，王秀梅，古海尔.买买提，2015. 博乐市棉花蕾铃脱落的规律及原因分析[J]. 土肥植保，32(8): 112.

郝良光，2015. 从株式图分析抗虫棉的蕾铃脱落及成铃分布[J]. 江西棉花，29(1): 16-19.

郝良光，张天玉，2007. 抗虫棉的蕾铃脱落及成铃分布的年度比较[J]. 江西农业学报，19(4): 13-16.

何循宏，李秀章，陈祥龙，等，2002. GA₃对棉花花器形态、授粉和成铃性状的影响[J]. 棉花学报，14(1): 36-40.

李雨，2013. 棉花地上部形态指标与蕾铃脱落的模拟研究[D]. 南京：南京农业大学.

李正理，1981. 棉花形态学[M]. 北京：科学出版社: 98-104.

刘爱玉，2002.栽培因子对杂交棉棉铃形成时空分布及产量影响的研究[D].长沙：湖南农业大学.

闵友信，凌天珊，1999.南疆棉花空果枝形成的原因及其对策[J].中国棉花，26(7): 27-28.

石鸿熙，1988.棉的生长和组织解剖[M].上海：上海科学技术出版社：77-78.

孙济中，陈布圣，1998.棉作学[M].北京：中国农业出版社：138-152.

孙培良，李秋芝，杨士恩，2007.聊城棉花蕾铃期气候因素与株铃数的通径分析[J].中国农业气象，28(4): 443-445.

徐京三，陈玉杰，1995.1994年棉花蕾铃脱落加重原因浅析[J].中国棉花，22(3): 26.

杨国正，张秀如，孙湘宁，等，1997.棉花早期热激处理与高温期蕾铃脱落关系的初步研究[J].棉花学报，9(1): 36-40.

叶凯，娄春恒，1995.新疆近40年棉花蕾铃脱落研究进展[J].西北农业学报，4(3): 30-33.

叶伟，2009.打顶、化控对棉花蕾铃形成及脱落的影响[J].安徽农学通报，15(13): 93, 141.

应明，蔡永萍，林毅，2012.内源激素对棉蕾铃脱落的影响[J].安徽农业大学学报，39(4): 597-601.

余渝，王登伟，1999.北疆棉区棉花蕾铃脱落规律初步研究[J].新疆农业大学学报，22(1): 29-33.

张隽生，1998."环嵌法"对棉花蕾铃脱落的影响[J].中国棉花，25(8): 27.

张立桢，曹卫星，张思平，等，2005.棉花蕾铃生长发育和脱落的模拟研究[J].作物学报，31(1): 70-76.

张永红，葛徽衍，郭建茂，2014.棉花吐絮收获期连阴雨灾害风险区划[J].气象科技，42(6): 1095-1099.

张永红，葛徽衍，胡淑兰，2003.陕西关中棉花三桃要素与气象条件的关系研究[J].中国棉花，30(4): 16-17.

张永红，葛徽衍，李秀琳，2000.棉花"三桃"蕾铃脱落的气象因素分析[J].陕西气象(2): 22-23.

郑泽荣，倪晋山，王天锋，等，1980.棉花生理[M].北京：科学出版社：230-287.

中国农业科学院棉花研究所，2019.中国棉花栽培学[M].上海：上海科学技术出版社：235-246.

# 第七章
# 棉铃的发育

棉铃是由受精后的子房发育而成，为棉花的果实，植物学上属于蒴果。

## 第一节　棉铃的形态

棉铃的外部分为铃尖、铃肩和铃基部三部分。棉铃各室顶端聚合处为铃尖，铃尖之下为铃肩，其余为铃基部。棉铃有圆形、卵圆形、长卵圆形、椭圆形、圆锥形等多种铃形（图7-1）。4个栽培种棉铃的形状具有较大的差异。多数陆地棉品种的铃形为卵圆形，铃表面平滑，油腺不明显，青铃表面为绿色，成熟后表面变为红褐色。

棉花的花芽在进入雌蕊分化时，在花原基中央一般是，分化出几个心皮将来即形成几室。在棉属中，棉铃可分裂为2～6室，室的数量因品种和栽培条件的不同而有差异。陆地棉的棉铃一般为3～5室，大部分为4室（图7-2）；海岛棉的棉铃多数为3室；亚洲棉的棉铃一般为2～5室，3室居多；非洲棉的棉铃一般为3～4室。室的数量与棉铃的体积和铃重密切相关，室数多的棉铃体积大、铃重高；室数少的棉铃则体积小、重量轻。

棉铃成熟时沿心皮的背缝开裂，当裂缝张开露出纤维时，称为吐絮。铃壳开裂程度差异很大，开裂充分，各铃瓣裂成近平面，瓣尖反卷；开裂不充分，造成吐絮不畅，收摘困难。

棉铃大小一般用单铃重来表示，

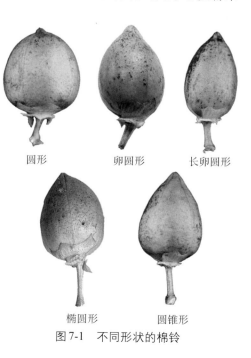

圆形　　卵圆形　　长卵圆形

椭圆形　　圆锥形

图7-1　不同形状的棉铃

图7-2　陆地棉不同室数的棉铃

单铃重是棉株全部棉铃的平均子棉重量。4个栽培种棉铃的大小有差异。陆地棉棉铃最大，单铃重一般为4～6g，大铃品种可达7～9g；其次为海岛棉，单铃重约3g；亚洲棉为2～3g；非洲棉棉铃最小，单铃重仅有1.2g左右。棉铃形状和大小主要受遗传特性的影响，但也受水分、养分、光照条件、温度等环境因素影响。

## 第二节　棉铃的生长发育

### 一、棉铃发育阶段

棉铃的生长发育可分为体积增大期、充实期和脱水成熟期3个时期。3个发育阶段并不是截然分开，而是前后2个阶段均有一段同时并进的过程（图7-3）。

图7-3　棉铃的生长发育

1.体积增大期　棉花开花后2～3d，花冠、雄蕊管及花柱部分脱落，只剩下苞叶和中间的棉铃。此后，棉铃开始快速生长，体积增大。开花后8～10d，棉铃直径达2cm时，称为成铃，不足2cm称为幼铃。开花后24～30d，棉铃生长到最大体积，这一时期称为棉铃体积增大期。

在体积增大期，棉铃积累了大量的营养物质，含丰富的蛋白质及可溶性糖类等，水分含量也很高，成铃初期一般都在80%以上，之后随着棉铃的成熟，才逐渐下降。这一时期，棉铃呈肉质状，表面呈绿色，分布有褐色腺体。这个时期的棉铃幼嫩多汁，容易遭受虫害，特别是遭受棉铃虫的蛀食。

棉铃内种子体积的增长基本与棉铃体积的增大相对应，在棉铃体积基本长足时，种子的直径和长度也长到最大值，纤维也处于伸长阶段。

棉铃体积达到最大值所经历的天数，因棉花的品种、播期、气候条件的影响而不同。一般早熟品种较晚熟品种所需时间短，早、晚熟品种棉铃发育体积最大值所需时间均随开花期推迟而延长。

2.充实期　棉铃充实期历时25～30d。棉铃外形生长到一定体积后，内部的棉纤维继续伸长，种子和纤维中的干物质快速增加，含水量开始下降。棉铃逐渐失水变硬，外壳呈干皮状，铃表面的颜色由绿色变为黄褐色。

由于棉铃内部棉纤维的增加，纤维壁上积累了大量的纤维素，而内部水分相对较多，这时易招一些嗜纤维素霉菌的繁殖而发生烂铃。

3.脱水成熟期　随着棉铃的成熟，生长50～60d后，内部乙烯释放达到高峰，促使棉铃加速脱水。内部纤维逐渐干枯、扭曲，外部铃壳失水后开始收缩，并沿着缝线处开裂，逐步完成整个吐絮过程。

## 二、棉花种子的发育

棉花种子发育是棉株生殖生长的重要阶段。棉花子房内的每一个胚珠受精以后发育形成一个棉子。胚珠的内、外珠被发育为种皮，即棉子壳，而胚珠里面胚囊内的受精卵则发育成具有折叠子叶的种胚，即通常称为种仁的部分。在棉铃发育的同时，种子也迅速发育长大，经过20～30d，种子的外形即可长到应有的大小。

与种胚相比，种皮形成的速度较快，时间较早。受精时，内、外珠被构造简单，只有一层外表皮和一层内表皮，在两层表皮之间则为数层未分化的薄壁细胞，维管束组织纵贯其中。受精后，外珠被的外表皮逐渐长大，部分突起伸长形成纤维，然后细胞壁逐渐增厚，至成熟时，胞壁变为黄色。外珠被的每层薄壁细胞因内部养分被纤维细胞吸收，又受内、外挤压而逐渐紧缩，待种子成熟时，成为干缩状的外色素层，内含褐色色素。内表皮则发育成无色细胞层，其胞壁厚而木质化，内含草酸钙结晶。

内珠被的外表皮在开花10d后才开始伸长，直到开花后30d左右长足，形成一层紧密的栅栏细胞层；其后，约占细胞长度2/3的内段胞壁先行增厚，成为几无中腔的透明状；继之，外段约1/3的胞壁亦逐渐加厚，致使中腔剖面多呈烧瓶状，种皮随之变硬。成熟时，该层细胞壁高度木质化，并含大量纤维素，其厚度可占整个种皮厚的1/2，其内为薄壁细胞层，在棉子体积增大期，细胞数量和体积均增加较快，之后因所含养分被吸收、细胞被挤，最后紧缩成胞壁木质化的内色素层。在合点端和子柄端，此层细胞因未受挤压，故仍保持较松散的海绵状。内表皮细胞先略有伸长，最后成为一层膜状的木质化细胞。

种胚由受精卵（即合子）发育而成。合子细胞不断分裂增殖和分化发育，历经球形期、心形期、鱼雷形期和成熟期，最后发育为成熟的种胚。胚的发育始于受精后的第2～3天，受精卵从球形期发育到心形期大约历时10d，这时大致可以分辨出两片子叶和胚根部分。受精后20d左右进入鱼雷期，胚已基本完成各部分的分化。此时的成熟胚已具备折叠子叶和胚本体部分（包括胚根、胚轴和胚芽），且具有80%的发芽能力，称为第一次发芽高峰期。到25d左右，幼胚几乎完全充满胚囊，发芽能力逐渐降低。之后幼胚继续发育，胚内贮藏的营养物质（如脂肪、蛋白质、淀粉等）继续增加，此时的胚基本不能发芽，直到吐絮前数日，胚才发育成熟，形成完整的子叶、胚芽、胚轴和胚根，发芽能力也逐渐恢复，称为第二次发芽高峰期。

胚珠受精后，精细胞与极核融合形成初生胚乳核，很快进行分裂，约14d后，逐渐形成胚乳细胞，充满在膨大的胚囊内，历时20d左右，种胚迅速发育长大，胚乳细胞中贮存的碳水化合物和蛋白质逐渐被迅速发育的胚吸收利用，40d时，胚乳基本被胚吸收完毕，只残留一层乳白色的薄层，即胚乳遗迹。成熟的棉花种子是无胚乳种子，胚乳如发育不正常或中途败育，胚也中止发育。

棉株开花授粉和受精时，如遇温度过高或过低，以及花粉遭雨淋等都会造成授粉不良，从而增加不孕子（未受精或中途败育的胚珠会成为不孕子）比例。

## 三、棉纤维的发育

棉纤维是由胚珠表皮细胞发育而成的单细胞，棉纤维的生长从发生到成熟经过伸长期、加厚期和脱水干缩期。伸长与加厚存在重叠过程，重叠达7～10d。

1.伸长期　胚珠授粉后24～36h，纤维细胞本身无方向非极性膨胀，直到纤维最终直径形成，决定了纤维细度。开花后2～3d，纤维由非极性膨胀伸长向极性伸长转化，伸长持续时间取决于遗传和环境因素，25d左右。一般情况下，胚珠中部9%～12.5%的表皮细胞能发育成纤维，在开花当天至开花后10d快速伸长。细胞长度及外直径增加形成充满原生质的薄壁细胞，细胞壁就是初生壁。伴随着次生壁纤维素沉积的加速，开花后20～25d，纤维伸长减慢。在伸长阶段，纤维细胞长度可为直径的 1 000 ～ 3 000 倍（直径为 20μm），纤维最终长度可达 20 ～ 30mm，有的可达 35 ～ 40mm。表皮细胞的分化不是同时开始，却是同时停止伸长，早期分化的胚珠表皮细胞成为长纤维，晚期分化的表皮细胞成为短纤维。因此，表皮细胞的分化率、分化速度与整齐性对纤维的产量和品质有重要影响。

**2.加厚期** 次生壁加厚不是从某一特定部位开始，而是沿着整个纤维纵轴均匀进行，这一发育阶段对纤维强度的影响至关重要。研究发现，在开花后 16 ～ 19d，单位纤维长度的干重开始明显增加，纤维加厚发育是突然开始的，然后与伸长平行进行，二者的重叠期和重叠期内纤维素干重的增加因种和品种而异。纤维素沉积在初生细胞壁上，由外向内时停时积，形成"日轮"，使细胞壁加厚，形成次生胞壁，中腔缩小，纤维强度也随之增强，至棉铃吐絮，纤维加厚停止，持续期 35 ～ 55d。这时，棉纤维成为含有较多水分的管状细胞，截面为圆形。纤维加厚时间的长短、速度和厚度均因品种、温度及其他外界环境因素而有差异。

**3.脱水干缩期** 棉铃开裂后，棉纤维细胞死亡，棉纤维与空气接触，纤维水分蒸发，原来呈管状的纤维细胞收缩干瘪，胞壁产生扭转，形成天然转曲。陆地棉转曲达 50 ～ 80 个 /cm。

## 四、棉花花铃期生长特性及管理

### （一）生长特性

棉花从开花到吐絮的时间称为花铃期，大约历时 60d。花铃期是棉花一生中生长发育最旺盛的时期，在此时期内，棉花由营养生长与生殖生长并进转向以生殖生长为主。初花期，营养生长占优势，营养物质的 80% ～ 90% 运往主茎生长点和果枝顶端，供茎、枝、叶生长所需，是棉花一生中生长最快的时期。在盛花结铃期，逐渐转向以生殖生长为主，营养物质的 60% ～ 90% 运往蕾、花、铃，供生殖生长所需。花铃期是营养生长与生殖生长、个体与群体、生长发育与环境条件等各种矛盾最为集中的时期。正确处理这些矛盾，对获得棉花高产十分重要。

### （二）田间管理

**1.科学施肥** 棉花开花后，对养分的需求急剧增加，叶片的养分被大量消耗，此时土壤中的养分已不能满足植株的需要。重施花铃肥可以提高植株的氮代谢水平，使根系活力增加，叶片功能期延长，对于防止因缺素引起的早衰、提高成铃率、增加铃重有重要作用。一般对旺长棉田，应推迟花铃肥施用或不施用；对健壮棉田，应适时适量增施花铃肥；对长势较弱的棉田，应提前到初花期施用花铃肥。花铃肥应以速效氮肥为主，以便迅速发挥肥效。此时棉株根系活动分布范围在15～25cm的深处，大量新根密布于整个耕作层，形成吸肥高峰期。施肥可结合中耕进行开沟深施或者穴施，或结合浇水提高肥料利用效率。

**2.浇水与排涝**　花铃期是棉花一生需水量最多的时期，需水量占全生育期耗水量的50%以上。此时适宜的土壤含水量为0～60cm土层内土壤水分平均为田间持水量的70%～80%。水分不足或过多，均会对增蕾保铃产生不利影响。因此，花铃期既是灌水的关键时期，又是排水的重要阶段。这一时期应该继续中耕松土，以调节土壤水分，改善土壤通气条件，促进根系活动。

**3.适时打顶**　打顶可打破棉株顶端生长优势，改变棉株体内养分运输和分配，使果枝上的蕾铃得到更多的养分，是增蕾保铃的有效措施。打顶还可有效控制棉株高度，改善棉田通风透光条件，有利于增产和早熟。打顶时间一般在7月下旬。具体打顶时间应根据棉花的长势、气候条件等灵活掌握。人工打顶是最原始最传统的打顶方法，随着棉花生产全程机械化的不断发展，化学封顶和机械打顶方式逐步得到应用和发展（图7-4）。

图7-4　棉花机械化智能打顶机

## 第三节　棉铃的时空分布

### 一、棉铃的时间分布

棉铃的时间分布是指棉株在生育进程中不同时间段内的成铃分布。按照棉铃结铃的先后顺序，可以把棉铃划分为伏前桃、伏桃和秋桃，即通常所说的"三桃"。棉花的"三桃"比例基本上能够反映出棉花的经济产量在时间进程上的分配关系，一直以来被认为是棉花早熟高产的重要指标。

黄河流域棉区伏前桃为7月15日前的成铃，是棉株下部几个果枝所结的早桃，伏前桃多一般表示棉花早发。伏桃为7月16日至8月15日的成铃，是棉株中部的棉桃，处于棉花最佳结铃期，铃多而大、纤维品质好，是棉花早熟高产的主体桃。伏前桃和伏桃的结铃数反映了棉花的早熟性和丰产性。秋桃为8月16日以后的成铃，秋桃成熟稍晚，但秋桃是棉花早熟不早衰的表现，棉花要高产仍需要一定比例的秋桃。高产棉田适宜的"三桃"比例为伏前桃占

5%～10%，伏桃占70%～80%，秋桃占10%～20%。另外，棉花"三桃"的比例对于衡量品种是否适应某一地区的气候条件也具有重要意义。

## 二、棉铃的空间分布

棉铃的空间分布是指不同果枝果节的成铃分布。根据棉花结铃特性，可以将棉铃的空间分布分为横向分布和纵向分布。棉铃横向分布，同一果枝上的成铃率，具有明显的离茎递减趋势，即内围成铃率高，外围成铃率低，主要是由于内围铃优先获得了养分的供应。棉铃纵向分布，一般情况下，下部成铃占单株成铃率的30%左右，中部占50%左右，上部占20%左右。高产棉田要增加内围成铃，采取合理密植、适当增加果枝数以增结内围铃。

不同的棉花品种，因株型、果枝分布、叶片大小、功能期的长短和栽培条件等不同，形成的群体结构也存在较大差异。合理的棉铃空间分布是棉田高产的基础。

## 三、棉花主要经济性状的空间分布

**1.铃重在棉株上的空间分布** 铃重在棉株上的横向分布特点为离茎递降。第一果节棉铃的铃重显著高于以外各果节，且随果节的向外增加，铃重呈渐降趋势。纵向分布规律为：随着果枝的上移，铃重先逐渐增大，当增大到一定重量后，铃重随果枝的上移而降低，整体呈现抛物线规律变化，且中部＞下部＞上部。铃重的大小主要受棉株体内有机养分分配的支配，与光、热、水等环境条件也有一定关系。

**2.子指和衣分在棉株上的空间分布** 子指横向分布特点为棉株各铃位的子指由内而外逐渐变小，但无显著差异；纵向分布，棉株上、中、下层果枝的子指为中部略高于上部和下部，但各部位差异不大，且较稳定。

衣分的横向分布特点为同一果枝不同果节间，衣分无显著差异；衣分的纵向层次间分布虽有中部＞下部＞上部的趋势，但也无显著差异。全株各部位衣分较为稳定。因此，衣分的提高应主要靠纯化和更换高衣分品种。

**3.棉花纤维性状在棉株上的空间分布** 棉花纤维强度在棉株上的横向分布特点为离茎递降；纵向分布特点为中、上部棉铃的纤维强度大于下部棉铃的纤维强度。说明棉纤维强度不仅受棉株体内有机养分分配的影响，而且还受环境因素的强烈影响。因此，可通过选育良种、调节群体结构、改善棉田生态环境减少烂铃等措施来系统提高纤维强度。

纤维细度在棉株上的横向分布特点为离茎增大趋势，纵向分布特点为随果枝的上移，呈增大趋势，但到一定果枝后，细度又随果枝的上移而减小，只是但这种差异均未达到显著水平，表明细度和衣分一样，属于相对稳定性较强的指标。

纤维的断裂长度在棉株上横向分布无显著差异，纵向分布上、中、下层的断裂长度逐渐减小且差异显著。

## 第四节　影响棉铃发育的因素

棉铃发育的优劣决定了棉花的产量和品质。棉铃发育除受品种特性制约外，还受温度、水分等环境因素的影响。

### 一、温度

温度是影响棉铃发育的重要因子，铃重、纤维干重、纤维的长度和强力，以及种子的品质性状，都与铃期的温度有密切关系。铃期的温度条件直接影响棉铃的发育状况，进而影响棉花的产量和品质。

1.温度与铃期　棉花从开花至吐絮所需的天数称为铃期，铃期长短与铃期的温度条件呈显著负相关。据研究，铃期内平均气温下降1℃，铃期延长2～3d，随着有效积温的减少，铃期的延长，铃重和纤维品质均呈显著降低的趋势。

陆地棉中熟品种，铃期内平均温度为25℃以上时，铃期为45～50d；平均温度为22～25℃时，铃期为50～60d；平均温度为20～22℃时，铃期为60～70d；平均温度为20℃以下时，铃期延长至70～80d。自开花到吐絮需要≥15℃的活动积温1 300～1 400℃。棉铃干物质积累量与铃期的温度呈显著正相关性，较高的夜间温度有利于棉铃的成熟。

2.温度与棉铃体积增长　棉铃重量在一定程度上取决于棉铃的体积，温度与棉铃体积增长的关系十分密切。开花后10d内的日平均温度对棉铃发育具有重要作用，它对铃重的决定系数在90%以上。开花后10d内的日平均温度为23～27℃，有利于促进棉铃发育的"启动速度"，并且棉铃发育较优。若低于21℃，则棉铃发育极差，即使以后铃期内温度较高，也无法弥补棉铃初始发育迟缓的影响。铃期平均温度在30℃以内，棉铃体积的增长速率与气温呈显著正相关。温度低于18℃时，棉铃体积停止增长，铃壳内的干物质积累基本停止，子棉日增量急剧下降。

3.温度与种子发育　在较高的温度条件下，子指变化与温度的关系不太明显，但温度降到适宜范围以下时（如低于20℃），则子指的变化与温度的关系表现十分密切，随温度下降而递减。开花前7～10d连续高温会导致单铃胚珠数减少，同时单铃不孕子率显著增加。

**4.温度与棉纤维发育** 棉纤维发育的优劣与温度关系密切，≥18℃的活动积温达到800℃为纤维发育成熟的最低临界积温指标。气温在20℃以下时，纤维素的沉积速度明显降低，细胞壁的增厚受阻，细胞壁变薄，中腔加大，强度和细度等明显变劣。低于15℃，加厚停滞。一般后期棉铃的纤维之所以成熟度低、强度差，主要是由于低温影响纤维素沉积，次生细胞壁较薄的缘故。在20～30℃范围内，温度越高，细胞壁加厚越快，>25℃的温度对纤维的伸长和细胞壁的增厚最为适宜，纤维素沉积多，纤维品质优良。但是，当温度上升到32℃以上时，纤维的长度开始缩短。

一般认为，在棉纤维发育阶段，与中、晚熟品种相比，早熟品种对温度的要求稍低，低温对中、晚熟品种纤维的生长发育影响更大。

## 二、水分

**1.水分与种子发育** 土壤水分是棉子发育的重要环境因素。在棉铃发育早期，干旱对胚珠能否正常发育成棉子影响较大，使铃内的不孕子数增多；中后期，干旱主要影响棉子的干物质积累和饱满度。土壤湿度高，种子干物质积累速度快，积累量也大；土壤湿度低，种子干物质积累速度慢，最终积累量也少，造成棉子体积缩小，子指降低。

**2.水分与纤维发育** 土壤水分是生态环境条件中的重要因素，对棉纤维发育具有显著影响。土壤湿度高，可以促进棉纤维的干物质积累，加速可溶性糖向纤维素转化，提高纤维素积累能力，有利于棉纤维的发育。土壤湿度为80%或由60%提高至80%时，纤维伸长速度加快，伸长期延长，纤维变长。棉纤维伸长与内部蛋白质含量及过氧化物酶活性具有密切关系，土壤湿度低可以提高蛋白质含量和酶活性，不利于纤维伸长。

## 参考文献

曹新川，郭伟锋，胡守林，等，2020. 不同开花时期陆地棉铃部干物质积累规律[J]. 西北农业学报，28(2): 224-230.

陈布圣，1982. 棉花器官的形态建成及其生理[J]. 湖北农业科学(10): 35-39.

董合忠，郑继有，李维江，等，1998. 干旱条件下棉纤维细胞POD活性变化及其与纤维伸长的关系[J]. 棉花学报，10(3): 136-139.

季术，2016. 花铃期土壤持续干旱对棉纤维品质和棉纤维发育相关酶活性的影响[D]. 南京：南京农业大学.

黎芳，2017. 黄河流域棉区DPC＋化学封顶技术及其配套措施研究[D]. 北京：中国农业大学.

张忠波，刘贞贞，平文超，等，2017. 棉花花铃期的主要生育特点及管理关键技术 [J]. 农业科技通讯 (12): 280-282.

李妙，李民法，1994. 棉铃着生位置对棉花主要经济性状的影响 [J]. 华北农学报，9(2): 29-32.

李正理，1979. 棉花形态学 [M]. 北京：科学出版社：144-170.

李中东，许萱，1991. 不同土壤湿度对棉纤维发育的影响 [J]. 西北农业大报，19(1): 66-71.

刘炳林，1993. 棉铃发育与温度研究综述 [J]. 山西气象 (4): 14-16.

刘东卫，沈端庄，倪金柱，1992. 温度对棉铃发育影响的研究进展 [J]. 中国农业气象，13(4): 53-54.

刘文燕，孙慧珍，周庆祺，等，1981. 棉铃开裂生理 I、棉铃的开裂与内生乙烯释放 [J]. 中国棉花 (1): 22-24.

刘照启，张蔚然，刘海涛，等，2020. 棉花打顶技术应用现状与发展趋势 [J]. 现代农村科技 (7): 16.

马致民，万受琴，潘继珍，1983. 棉花纤维经济性状在棉株上空间分布的研究 [J]. 百泉农专学报，11(1): 47-54.

宋家祥，沈建辉，1987. 不同部位棉铃经济性状分析 [J]. 江苏农学院学报，8(4): 27-30.

孙学振，单世华，宋宪亮，等，2002. 株型对棉铃时空分布及素质的影响 [J]. 棉花学报，14(3): 171-174.

王树林，祁虹，张谦，等，2011. 不同熟性棉花品种在冀南棉区的适应性分析 [J]. 河北农业科学，15(5): 9-10, 64.

王晓云，李成奇，夏哲，等，2012. 棉花"三桃"性状的 QTL 定位 [J]. 遗传，34(6): 757-764.

徐惠纯，李文炳，胡桂娟，等，1987. 棉铃发育规律的初步研究 [J]. 山东农业科学 (2): 26-28.

徐立华，李大庆，刘兴民，等，1994. 陆地棉棉铃发育机理及影响因素的研究 [J]. 棉花学报，6(4): 253-255.

许玉璋，许萱，李中东，1994. 土壤水分对棉纤维发育的影响 [J]. 西北农业报，3(3): 18-22.

许玉璋，许萱，赵都利，等，1993. 土壤水分对棉籽发育的影响 [J]. 干旱地区农业研究，11(4): 48-53.

张金龙，董合林，陈国栋，等，2017. 不同熟性棉花品种棉铃空间分布及产量品质形成的差异 [J]. 西北农业学报，26(2): 234-241.

郑泽荣，刘文燕，孙惠珍，1981. 棉铃开裂生理 II 棉铃的成熟与脱水 [J]. 中国棉花 (5): 24-26.

郑泽荣，倪晋山，王天泽，等，1980. 棉花生理 [M]. 北京：科学出版社：230-287.

中国农业科学院棉花研究所，2019. 中国棉花栽培学 [M]. 上海：上海科学技术出版社：179-190.

# 第八章
## 吐絮与收获

棉铃成熟，铃壳开裂，露出白色棉絮，称为吐絮。从开始吐絮到全田收花基本结束，称为吐絮期，一般70d左右。

按照棉铃开裂的程度可将整个吐絮过程分为6个阶段：线裂（轻微开裂）、微裂（明显裂缝）、绽裂（露瓤）、吐絮前期、吐絮中期、吐絮后期（图8-1）。据调查，棉铃从线裂到微裂需要12～36h；从微裂到绽裂需要12～36h（大部分棉铃在12h达到绽裂）；从绽裂到吐絮前期需要12～36h（大部分棉铃在12h达到吐絮前期）；从吐絮前期到吐絮中期需要24～60h；从吐絮中期到吐絮后期则需要36～84h。在整个开裂过程中，从线裂到微裂这一阶段的进度非常重要，决定着棉铃开裂全过程的完成，这一阶段耗时越短，棉铃完成开裂过程越快。反之，棉铃完成开裂的过程越慢。超过36h尚未发生微裂的棉铃则开裂缓慢，可能形成僵铃，不能开裂吐絮。正常情况下，棉铃从线裂到完成吐絮需要5～7d。如遇气温降低或连阴雨天气，则开裂时间延长，甚至不再开裂，这时棉铃易成僵瓣或霉变。

棉铃开裂与乙烯释放量的消长密切相关。在棉铃开裂前，乙烯的释放量很低；从线裂到微裂，乙烯释放量逐渐增加，直到高峰；棉铃发生绽裂后，乙烯释放量迅速下降，在大量吐絮时，降到最低水平。

| 开裂前 | 线裂 | 微裂 | 绽裂 | 吐絮前期 | 吐絮中期 | 吐絮后期 |

图8-1　棉铃的开裂进程

棉铃开裂前，各部分的含水量较高。随着棉铃的成熟，铃壳表面逐渐褪色，从绿色转变为黄褐色，棉铃各部分的含水量开始下降。首先是纤维和种子开始脱水，在棉铃发生线裂后，铃壳也开始脱水。铃壳的脱水是从裂缝边缘到中央，从铃尖到铃基部依次进行。当棉铃发生绽裂露瓣后，铃壳和纤维的脱水显著加快。种子脱水虽然一直比较平缓，但到吐絮后期，棉铃各部分的含水量几乎同时降到15%左右。

## 第二节　收　获

棉铃充分吐絮后要适时采摘。及时采收是确保高产优质的一项重要措施，既不能早剥青铃，影响纤维成熟，也要防止过迟采收降低纤维品质。一般以棉铃开裂后7d采收为宜，收获过晚棉瓣脱落（图8-2），造成减产和影响棉纤维质量。在气候发生变化时，要注意在雨前抢收，以防造成损失。

目前，在黄河流域棉区，棉花收获大部分仍采用人工采摘的方式（图8-3）。人工采摘应做到"四净"：即棉株上的棉花拾净、棉壳内的棉瓣摘净、落地棉花拣净、子棉上的杂物去净。另外，还应严格杜绝"三丝"污染，即化纤丝、头发丝、麻丝。但人工采收棉花存在效率低、收获期长、用工量大、用工成本增加、劳动力缺乏等限制因素，严重制约着棉花生产效益的提高。

图8-2　收获过晚造成棉瓣脱落　　　　图8-3　人工采摘棉花

机械采收作为"节工降本"的现代化农业技术，可有效解决用工量大、人工成本高的问题，是保持现代棉花产业稳定发展的必然选择。经过多年的引进试验与科研开发，棉花机械采收技术趋于成熟，目前在新疆棉区得到大规模应用。

在黄河流域棉区，鉴于生产经营规模小、采棉机价格昂贵、品种技术不配

套等限制因素，棉花机械采收技术还未得到推广应用。伴随着农村社会化服务的逐步普及，新型农业经营主体的不断涌现，加快棉田机械采收技术推广是可行的。

近年来，黄河流域棉区的农业科研、农机推广、农技推广等部门相互配合，提供技术支持，建立棉花机械化采收示范基地，通过棉花生产全程机械化采收观摩会的召开（图8-4），达到了良好的示范效果，对棉花机械化收获技术在黄河流域的大面积推广和应用起到了积极推动和引领作用。

图8-4　棉花机械采收观摩会

# 参考文献

白岩，杜珉，赵新民，2015. 棉田机械采收技术助力棉花生产增收 [J]. 中国棉花，42(9): 9-11, 14.

刘文燕，孙慧珍，周庆祺，等，1981. 棉铃开裂生理Ⅰ、棉铃的开裂与内生乙烯释放 [J]. 中国棉花 (1): 22-24.

邱吉辉，2015. 浅析我国棉花机械采收面临的问题 [J]. 中国农业信息 (7): 59-60.

孙巍，杨宝玲，高振江，等，2013. 浅析我国棉花机械采收现状及制约因素 [J]. 中国农机化学报，34(6): 9-13.

温长文，高清海，王建合，等，2015. 我国棉花机械化收获技术现状分析与建议 [J]. 河北农业科学，19(5): 81-85.

赵岩，周亚立，刘向新，等，2016. 山东省棉花机械化收获技术应用分析 [J]. 中国农机化学报，37(5): 264-267.

郑泽荣，刘文燕，孙惠珍，1981. 棉铃开裂生理Ⅱ——棉铃的成熟与脱水 [J]. 中国棉花 (5): 24-26.

# 第九章
# 棉 纤 维

棉纤维是棉花生产中最直接的目标产品，是纺织工业的重要原料，它在纺织纤维中占有很重要的地位，占天然纤维产量的80%以上。棉纺织品具有吸湿、透气、不带静电、柔软保暖等优点。目前，婴幼儿服装、内衣、衬衫、床上用品、巾被等服装和家居产品中，棉纤维都是优先选择的优良纤维原料。

## 第一节　棉纤维的类型

### 一、按栽培种分类

棉纤维的分类传统是以其发现地命名和分类，目前，世界各国栽培的棉花，主要有以下4个栽培种：

陆地棉（细绒棉）：陆地棉因纤维较细，又称细绒棉，是棉花种植面积最多的种，为纺织产品的主要原料，纤维平均长度为23 ～ 32mm，中段复圆直径为16 ～ 20μm，比强度为2.6 ～ 3.2cN/dtex。

海岛棉（长绒棉）：海岛棉因纤维长而细，又称长绒棉，纤维平均长度为33 ～ 75mm，中段复圆直径为13 ～ 15μm，比强度为3.3 ～ 5.5cN/dtex。海岛棉品质优良，是高档棉纺织产品和特殊产品的主要原料。

亚洲棉（粗绒棉）：亚洲棉因纤维粗而短，又称粗绒棉，纤维平均长度为15 ～ 24mm，中段复圆直径为24 ～ 28μm，比强度为1.4 ～ 1.6cN/dtex。

非洲棉（粗绒棉）：非洲棉纤维粗短，平均长度为17 ～ 23mm，中段复圆直径为26 ～ 32μm，比强度为1.3 ～ 1.6cN/dtex。

细绒棉、长绒棉、粗绒棉纤维形态结构不同，可纺织加工性不同，因此有着不同的应用领域。3种棉纤维的截面形态如图9-1所示。

### 二、按纤维初加工分类

棉纤维的初加工过程是指子棉上纤维与棉子分离的过程，又称轧棉或轧花。

| 长绒棉 | 细绒棉 | 粗绒棉 |

图9-1　不同棉纤维截面

按照初加工机械的不同，分为皮辊棉和锯齿棉。

皮辊棉：由皮辊轧棉机加工得到的皮棉称为皮辊棉。皮辊轧棉机工作效率低、作用缓和，不易损伤纤维，纤维疵点少，但皮辊轧棉没有除杂设备，纤维含杂、含短纤维多，纤维长度整齐度较差，多用于长绒棉、低级棉与留种棉的轧棉加工（图9-2）。

锯齿棉：由锯齿轧棉机加工得到的皮棉称为锯齿棉。锯齿轧棉机一般配有除杂、排僵设备，皮棉含杂较低。锯齿轧棉机工作效率高，作用剧烈，容易损伤长纤维，也容易产生加工疵点，纺纱用棉多采用锯齿棉（图9-3）。

图9-2　皮辊轧棉机

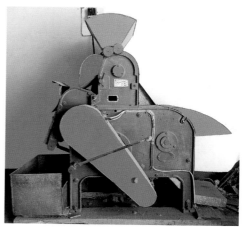

图9-3　锯齿轧棉机

## 三、按纤维色泽分类

白色棉：白色棉是正常成熟的棉花，色泽呈洁白、乳白或淡黄色，是棉纺厂使用的主要原料，图9-4所示为某纺纱厂原料车间中的白色皮棉，用肉眼观察，能明显分辨出不同色泽。生长晚期，如遇霜冻，棉子表皮单宁染到纤维上，使纤维呈现黄色，称为黄棉。棉花生长过程中，雨量过多，日照不足，温度偏低，纤维成熟度低或受空气中灰尘污染或霉变呈现灰褐色，称为灰棉。黄棉和灰棉属于低级棉，纤维品质差，棉纺厂很少使用。

彩色棉：彩色棉是指天然生长的非白色棉花，又称有色棉。彩色棉是纤维细胞发育过程中色素沉积的结果，是白色棉纤维色素基因变异的类型。生产上种植较为常见的彩色棉主要为棕色和绿色（图9-5）。我国彩色棉的生产面积和产量仅次于美国，居世界第二位。彩色棉与白色棉相比，

图9-4　纺纱厂的皮棉

纺织品不用染色，生产过程无污染，但彩色棉纤维长度偏短，强度偏低，可纺性差。彩色棉色素不稳定，在加工和使用中会产生色泽变化。

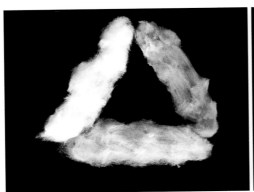

图9-5　白棉和彩色棉

## 第二节　棉纤维的形态及结构

### 一、棉纤维的化学组成

棉纤维主要由纤维素、半纤维素、可溶性糖类、蜡质、脂肪、灰分等物质组成，彩色棉还含有色素。在棉纤维生长过程中，这些成分含量不是固定不变的，而是随着生长发育不断变化的。随着棉花纤维的生长成熟，纤维素含量不断增加，其他成分逐渐减少。成熟纤维中纤维素含量约占棉纤维的94%以上。

纤维素是天然高分子化合物，化学结构分子式为 $(C_6H_{10}O_5)_n$（图9-6），其中n为聚合度，是指一个纤维素分子中含有的基本单元 $(C_6H_{10}O_5)$ 的个数，棉

纤维素的相对分子量和聚合度并不是每一个分子都是一样的，这称为高分子化合物的不均匀性或多分散性。棉纤维聚合度n为6 000～15 000，其氧六环结构是固定的，六环之间夹角可以改变，分子在无外力作用的非晶区中，可呈自由弯曲状态。纤维素大分

图9-6 棉纤维分子结构式

子取向度较高，大分子中的苷键对酸十分敏感，而对碱则相当稳定，所以棉纤维耐碱不耐酸。

## 二、棉纤维的形态

棉纤维是一个细长而略扁的管状细胞，纵向呈不规则的沿纤维长度不断改变转向的螺旋形天然转曲，转曲在纤维中部较多，梢部最少，图9-7为放大500倍后的棉纤维纵向形态。正常成熟的棉纤维横截面是不规则的腰圆形，带有中腔；未成熟的棉纤维截面形态极扁，中腔很大；过成熟棉纤维，截面呈圆形，中腔很小。

## 三、棉纤维的微观结构

棉纤维的构造从其断面观察，由外至内依次为表皮层、初生层、次生层和中腔（图9-8）。

图9-7 棉纤维纵向形态

1.表皮层 表皮层由蜡质、脂肪和果胶的混合物组成，有深度为0.5μm的丝状皱纹，蜡质对纤维具有保护作用，防止外界水分侵入，抵抗纺织过程中的机械摩擦，使纤维不易折断，但蜡质在漂染前必须除掉，否则会使染色不匀。

2.初生层 初生层是棉纤维的外层，即纤维的初生细胞壁，占纤维重量的2.5%～2.7%，由与纤维轴呈70°左右倾角排列的网状原纤组成，对棉纤维的整体起约束和保护作用。

3.次生层 当棉纤维伸长接近停止时，初生层向内逐渐加厚，所加厚的部分即为次生层，是棉纤维的主体，约占成熟棉纤维重量的90%。次生层可以分为$S_1$、$S_2$、$S_3$三层。$S_1$层自初生层向内，由结构紧密的原纤组成，厚度约0.1μm。$S_2$层由同心环状排列的许多层纤维素巨原纤层组成，白天由光合作用产生的葡

萄糖和低聚糖，在晚上被输送至棉子，进入棉纤维细胞壁中，聚合成纤维素大分子，结晶成微原纤、巨原纤沉淀在腔内壁，每日形成一层，逐日积累，称之为日轮层，层数随沉积天数不同而不同，$S_2$层厚度 1 ～ 4µm。巨原纤与纤维轴呈20°～ 35°倾角螺旋排列，旋转方向周期性发生改变，在单纤维上，这种转向可达50多次，各日轮层间螺旋方向各异。次生层的最内层为厚度约0.1µm的$S_3$层，具有与$S_2$层相近的结构特征，但沉积有细胞原生质、细胞干涸后的物质。

4.中腔　中腔是棉纤维停止生长后，胞壁内留下的空腔。中腔的大小取决于次生层的厚度，未成熟棉纤维的中

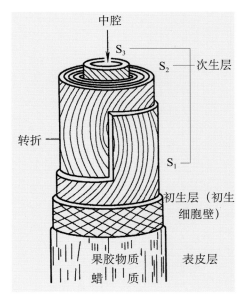

图9-8　棉纤维微观结构示意图
(引自：姚穆，2015.《纺织材料学》)

腔较大，过成熟棉纤维的中腔较小。一般正常成熟的白色棉纤维的中腔面积为纤维截面积的10%左右，彩色棉的中腔较大，为纤维截面积的30%～ 50%。

## 第三节　棉纤维主要性能指标

棉纤维的大分子结构、超分子结构和形态结构决定了棉纤维具有不同于其他纤维的各种理化性能，棉纤维的性能是其内在结构的直观外在表现，是评价其利用价值的参考依据。棉纤维的性能包括物理性能、化学性能等，是决定棉纤维使用价值的重要因素。

### 一、纤维长度

棉纤维长度是指伸直纤维两端间的距离，是在纤维发育的伸长期形成。测定的纤维长度仪器主要有长度照影仪、大容量纤维检测仪、Advanced Fiber Information System 等。因为棉纤维的长度参差不齐，任何一项长度指标都不能反映纤维长度的全貌，只能在不同的场合采用不同的长度指标来表示纤维的某一长度特征。表征棉纤维长度的指标包括手扯长度、跨距长度、主体长度、品质长度、短绒率等。

手扯长度是原棉检测中普遍应用的一种方法，是由人工整理成棉束，棉束

中大多数纤维的长度。跨距长度也称照影仪长度，是利用光电转换原理，测定特制梳夹上随机抓取的纤维束的跨距长度。主体长度是指一批棉样品中含量最多的纤维的长度。品质长度是指棉纺工艺上确定工艺参数时采用的棉纤维长度指标，也称作右半部纤维长度，即比主体长度长的那部分纤维的重量加权平均长度。

棉花品种是决定棉纤维长度的最重要因素，长绒棉纤维长于细绒棉纤维，细绒棉纤维长于粗绒棉纤维。同一栽培种原棉中的不同品种或不同种植地区，纤维长度也互不相同。即使在同一棉株、棉铃甚至同一棉子上，各纤维的长度也有差异（图9-9）。

图9-9　不同纤维长度的棉纤维

棉纤维长度与纺成棉纱的品质关系密切。在其他条件相同时，较长棉纤维纺成的纱线强度较大，可纺的纱较细，条干较均匀，因此，棉纤维长度是表达原棉品质的重要指标之一。棉纤维长度也是调节或设计纺纱工艺参数的依据之一。

## 二、纤维细度

棉纤维的细度是指纤维的粗细程度，即纤维直径，一般指纤维截面面积的大小。由于棉纤维直径不易直接测定，所以采用间接指标来表征棉纤维细度。通常以纤维质量或长度确定，即定长或定重时纤维所具有的质量（定长制）或长度（定重制），这样就不受纤维横截面不规则的限制。定长制有线密度和纤度，单位分别是特克斯（tex）和旦尼尔（D）；定重制有公制支数。马克隆值可综合反映棉纤维的细度与成熟度。

国际标准通常用特克斯（tex）表示纤维细度。特克斯是指在公定回潮率下每千米纤维所具有的质量克数，也称号数。测量纤维细度时，常采用更细的分特（dtex）表达，为0.1tex，即10 000m纤维所具有的质量克数。旦尼尔又称纤度，是指9km长的纤维在公定回潮率时具有的质量克数。公制支数指单位质量（g, mg）纤维所具有的长度（m, mm）。我国和苏联习惯采用公制支数表示纤维细度。马克隆值指在规定条件下棉纤维试样透气性的量度，是反映棉纤维细度与成熟度的综合指标。马克隆值刻度是以国际协会指定的标准棉花的马克隆值范围为准，一般棉纤维马克隆值为4～5，马克隆值越大，纤维越粗。我国将细绒棉依据马克隆值分为A、B、C 3个级别，A级（3.7～4.2）为最佳马克隆值范围，$B_1$（4.3～4.9）、$C_1$（5以上）均为偏粗范围，$B_2$（3.5～3.6）、$C_2$（3.4以下）均为偏细范围。

### 三、纤维成熟度

棉纤维的成熟度是指纤维细胞壁的增厚程度，细胞壁越厚，成熟度越好。成熟度与棉花品种、生长条件有关。除了纤维长度外，棉纤维的各项性能都与成熟度有密切关系，根据成熟度，棉纤维可分为成熟棉、未成熟棉、完全未成熟棉（死纤维）和过成熟棉。棉纤维的成熟度采用成熟度系数进行表征，一般用中腔胞壁对比法进行测定。随着棉纤维成熟度的提高，棉纤维的强度增强、色泽变好，抗弯和弹性增加，转曲由少变多且明显，当达到过成熟时，转曲又逐渐变得不明显并最后消失。

### 四、纤维强度

棉纤维强度是指拉断一根纤维所需要的力，即断裂力，以厘牛（cN）表示。单纤维强力取决于纤维粗细（马克隆值）与纤维单位面积所能承受负荷（断裂强度）2个方面，因纤维强力指标未考虑纤维细度，故不能全面评价纤维拉伸性能，材料之间没有可比性。

断裂强度简称比强度，指纤维单位截面积或单位线密度所承受的断裂负荷，可用来衡量不同类型纤维及纱线的抗拉伸性能。断裂强度因采用的仪器不同，或者测试方法、测试标准、夹头与隔距不同，有多种表征指标，如零隔距比强度、3.2mm隔距比强度等。比强度测试仪有卜氏（Pressly）强力机和斯特洛强力机（Sterlometer）、HVI1000系列等，HVI1000系列自动化程度高，足以将单株纤维性状分类，供育种者筛选高纤维强度品系。

棉纤维强度是影响成纱强力最直接的指标。棉纤维拉伸断裂强度的大小，在很大程度上决定了棉织物抗撕裂能力和耐磨的程度。

## 五、吸湿性

因为水分不能渗透纤维素密实的结晶区，所以棉纤维不溶于水。棉纤维是一种多孔性物质，由于纤维素大分子存在很多游离亲水性基团（羟基），能从潮湿空气中吸收水分和向干燥空气放出水分，这种现象称为棉纤维的吸湿性。由于纤维本身结构、大气温度和湿度等因素的影响，棉纤维含水变化较大。通常用回潮率来表征纤维的含湿程度，回潮率定义为纤维所含水分重量占纤维干重的百分比。白色棉的公定回潮率为8.5%，在室温和相对湿度100%时，回潮率可高达25%～27%；彩色棉的蜡质含量高，其吸湿性低于白色棉，其中，棕色棉的公定回潮率为7.6%，绿色棉公定回潮率为5.1%；合成纤维的回潮率为0.4%～5.0%。因此，棉织品（如内衣、运动服）能够随时吸收人体排出的汗液和油脂，穿着舒适性较高。

棉纤维的吸湿性对其他各项物理性能都有影响，如棉纤维吸湿后纤维膨胀，重量增加，密度先增大后减小，强伸度增加，导电性能增强等。因此，在纤维加工、销售、性能测试及纺织应用等过程中，都要规定并且控制棉纤维的吸湿量。

## 六、耐酸性

棉纤维较不耐酸。酸可以使纤维素大分子中的苷键水解，使聚合度降低，大分子链变短，纤维素完全水解时生成葡萄糖。强无机酸（如硫酸、盐酸、硝酸等）对棉纤维的破坏作用非常强烈，有机酸（如甲酸、乙酸等）对棉纤维的破坏作用比较缓和，一些酸性盐类（如硫酸铝等）的水溶液呈酸性，使棉纤维的强力受损变脆。酸对纤维素的水解效果与浓度、温度和时间密切相关。酸的浓度越大、温度越高、时间越长，纤维水解速度越快、越剧烈。

## 七、耐碱性

棉纤维比较耐碱。纤维素大分子中的葡萄糖苷键对碱的作用相当稳定。常温下，用浓度9%以下的碱液处理棉纤维时，不发生变化；碱液浓度高于10%时，棉纤维开始膨化，直径增大，纵向收缩；碱液浓度提高到17%～18%时，处理30～90s后，纤维横向膨化，变形能力增强。在常温下，用稀碱溶液处理棉纤维，不会产生破坏作用，并可以使纤维膨化，利用棉纤维的这种性能进行的后整理加工工艺，称为"碱丝光"处理。棉纺织工业中，常用18%～25%的氢氧化钠溶液浸泡一定张力作用下的棉织物，可以使纤维截面变圆，天然转曲消失，使织物有丝一样的光泽，这一整理过程称为"丝光"。

## 八、耐热性

棉纤维与大多数合成纤维不同，没有明显的热塑性，在高温作用下，不熔融而分解炭化。棉纤维的处理温度在150℃以上时，纤维素热分解会导致强度下降，且在热分解时生成水、二氧化碳和一氧化碳。超过240℃时，纤维素中苷键断裂，并产生挥发性物质。加热到370℃时，结晶区破坏，质量损失可达40%～60%。棉纤维具有耐瞬时高温性。

## 九、染色性

棉纤维虽然具有大量的亲水羟基，但它不溶于水，只能小幅膨化，主要是由于纤维素大分子间存在较强的氢键和范德华力。当棉纤维被水湿润而膨胀后，其截面积增加可达45%～50%，但长度只增长1%～2%。由于水是纤维的优良膨化剂，当棉纤维进行染色时，通常采用染料的水溶液，染料分子才能有效渗透到纤维大分子的空隙并与大分子紧密结合，从而使棉纤维着色。因此，棉纤维的染色性能很好，一般染料均可染色，成熟好的棉纤维染色均匀，成熟不好的棉纤维均匀染色性能较差。

## 十、防霉变性

棉纤维有较好的吸湿性，在潮湿的环境下，容易受到细菌和霉菌的侵蚀。霉变后，棉纤维及织物的强力明显下降，还会留下难以去除的色迹。研究发现，在温度为10℃、相对湿度为50%的环境条件下，即使棉花贮存3年，其色泽变化不大；若棉花贮存在38℃高温、80%以上高湿环境中，1年后，其色泽变化很大，白色棉基本都变成点污棉，3年后降低为淡黄染棉甚至黄染棉，高品级棉花色泽变化更加突出。因此，棉花贮藏以保持较低的回潮率和干燥的环境为宜。

## 十一、转曲

棉纤维具有天然转曲的特点，而其他纺织用纤维，如动物性纤维的羊毛、蚕丝，植物性纤维的各种麻类，化学纤维的人造丝等都是没有转曲的。

棉纤维纵向的转曲是由于次生层中螺旋排列的原纤多次转向，使纤维结构不平衡而形成的。棉纤维的转曲因品种、成熟度及部位不同而有所不同，在不同地区及不同气候条件下也会有差异。一般长绒棉的转曲数多于细绒棉，细绒棉的转曲为39～65个/cm。白色棉的天然转曲多，棕色棉次之，绿色棉转曲最少。正常成熟的棉纤维转曲多，未成熟的棉纤维转曲少，过成熟的棉纤维几乎无转曲。转曲在纤维中部最多，梢部最少。天然转曲使棉纤维具有一定的抱合力，有利于纺纱工艺过程的正常进行和成纱质量的提高。

## 参考文献

连素梅, 叶曦雯, 罗忻, 等, 2018. 棉纤维结构与理化性能关系分析 [J]. 棉花科学, 40(1): 48-52.

吕志华, 2009. 棉纤维长度指标的含义及相互之间的关系 [J]. 中国纤检 (11): 66-68.

姚穆, 2015. 纺织材料学 [M]. 北京: 中国纺织出版社: 55-62.

姚穆, 周锦芳, 2004. 纺织材料学 [M]. 北京: 中国纺织出版社: 19-49.

于伟东, 2006. 纺织材料学 [M]. 北京: 中国纺织出版社: 43-71.

中国农业科学院棉花研究所, 2003. 中国棉花遗传育种学 [M]. 山东: 山东科学技术出版社: 415-423.

中国纤维检验局, 2010. 棉花质量检验 [M]. 北京: 中国计量出版社: 49-62.

# 第十章
# 棉花主要病害及其防治

棉花病害是指棉株在生育过程中，受寄生物的侵袭或某些不良环境因素的影响，使正常的生理机能受到破坏而造成减产和纤维品质下降。其中，由寄生物引起的侵染性病害是主要的，少数是不良环境因素引起的生理性病害。棉花病害是制约棉花生产的重要因素，据联合国粮农组织估计，一般年份由于病害造成的损失达24%；中国估算因病害损失棉花产量10%。我国有记载的棉花病害包括真菌性病害25种，细菌性病害2种，线虫病2种，病毒病1种，生理性病害1种，其中，发生普遍且严重的是棉花黄萎病、枯萎病、苗期立枯病、棉铃疫病和棉花生理性早衰5种病害。

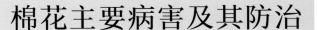

## 第一节　棉花黄萎病

### 一、概述

棉花黄萎病是棉花生产上危害严重的两大维管束病害之一，在我国各棉花主产区均有发生。一般造成减产10%～30%，严重的可达50%以上。20世纪90年代至今的近三十年，棉花黄萎病在我国不同地区不断扩展蔓延，除了新疆新开垦滩涂棉田和少数偏远棉田外，我国黄河流域、长江流域和西北内陆绝大部分棉田都有棉花黄萎病的发生和危害。

### 二、病原及发病症状

棉花黄萎病病原有大丽轮枝菌（*Verticillium dahliae*）和黑白轮枝菌（*Verticillium albo-atrum*）2种，20世纪，在全国范围内调查发现，我国主要棉区的棉花黄萎病菌以大丽轮枝菌为主。

受病原菌致病力、品种抗性、环境和气候条件等的影响，棉花黄萎病症状表现不尽相同。通常情况下，棉花出现黄萎病症状较枯萎病晚，苗期较少发病，现蕾后才逐渐出现症状，开花结铃期达到发病高峰。发病植株的维管束变色较浅（图10-1A），一般不会矮缩，但早期发病的重病株有时也变得较矮小。植株感病时，多为下部叶片最先表现症状，并逐渐向上发展（图10-1B），不会形成"顶枯症"。发病初期，叶片边缘或主脉之间呈现淡黄色不规则斑块，叶脉附近仍保持绿色，呈掌状花斑，类似西瓜皮状；有时叶脉间出现紫红色失水萎蔫不规则的斑块，斑块逐渐扩大，变成褐色枯斑，甚至整个叶片枯焦，最后植株脱落成光秆；有时在病株的茎部或落叶的叶腋里，可长出赘芽和枝叶。花铃期，大雨过后或大水漫灌时，可出现一种急性黄萎，棉叶呈水烫样，然后很快萎蔫下垂，随即脱落成光秆（图10-1C～F）。

图 10-1　棉花黄萎病发病症状

A.病株维管束变色；B.单株发病症状由下往上发展；C.病叶-西瓜皮状；D.病叶-萎蔫型；
E.病株-非落叶型；F.病株-落叶型

## 三、发生规律

棉花黄萎病是典型的以土壤传播为主的维管束病害。病菌主要以微菌核在土壤中越冬，也能在棉子内外、病残体、棉子壳、棉子饼中越冬而引起侵染。病菌的初次侵染来源主要是病田土壤，其次是通过播种带菌种子、施用带菌粪肥、耕作、灌水、地下害虫以及病残体随风吹散等途径传播，而带菌棉种调运是病害远距离传播的重要途径。

土壤中的黄萎病菌，遇到适宜的温度和湿度，病菌孢子或微菌核萌发出菌丝，从棉花根系的根毛或伤口处侵入，经皮层进入导管，随液流向上扩展到全株，引起全株发病。黄萎病发病的适宜温度为22～25℃，低于22℃或高于30℃则发病缓慢，超过35℃即有隐症现象。自然条件下，一般在6月，棉苗4～5片真叶时开始发病，田间出现零星病株，现蕾期进入发病适宜阶段，病情迅速发展，8月花铃期达到发病高峰，往往造成病叶大量枯落，蕾铃脱落加重。如遇多雨年份，气温降低，土壤湿度增大，利于黄萎病发生，病株率可成倍增长。

## 四、防治方法

**1.种植抗（耐）病品种**　不同的棉花品种，对黄萎病的抗性不同。种植抗病品种是防治黄萎病最为经济有效的措施。在抗黄萎病品种缺乏的情况下，应因地制宜种植抗病性稳定的耐病品种。

2.实行轮作换茬　提倡与禾谷类水稻、麦类、玉米、高粱、谷子等作物轮作2～3年，创造不利于病菌生存的条件和空间，降低植株发病率。

3.加强田间管理　注意清洁棉田，减少土壤菌源；棉花收获后深翻土壤，减少耕作层黄萎病菌数量，降低棉花发病程度和发病株率；科学合理灌溉，雨后及时排除田间积水，促进棉株健壮生长，增强抗病能力。

4.改善土壤生态条件　重施绿肥、农家肥、微生物有机肥等有机改良剂和磷、钾肥，提高土壤品质，改善土壤生态条件。

5.诱导棉株提高抗病性　从6月底开始，每7～10d喷施叶面抗病诱导剂，或与磷酸二氢钾等300～500倍液一起喷施。

## 第二节　棉花枯萎病

### 一、概述

棉花枯萎病是棉花生产上危害严重的另一大维管束病害，在我国各棉花主产区均有发生。一般造成减产10%～20%，严重的可达50%以上。20世纪80年代中期以后，随大量抗病品种的推广，枯萎病在我国各棉区基本得到控制，但随着气候变化和棉花枯萎菌强致病力菌株的出现，棉花苗期枯萎病和蕾期枯萎病在局部棉区发生仍然较重，目前，枯萎病仍是棉花生产上的主要病害之一。

### 二、病原及发病症状

棉花枯萎病病原菌是镰刀菌属的尖镰孢菌萎蔫专化型（*Fusarium oxysporum* f. sp. *vasinfectum*），寄主范围较窄，约有50种植物，大部分为野生植物。病菌能够产生一种专化性的毒素——镰刀菌酸，该毒素具有耐高温、耐贮藏、耐稀释和快速致萎的能力，并可以严重破坏植株的碳、氮代谢，分解叶绿素，降低光合作用效率。

枯萎病菌能在棉花的整个生育期侵染危害。棉花感病后由于生育时期和气候条件的不同，可表现出多种不同的症状。具体有以下几种类型：①黄色网纹型。子叶或真叶的叶肉保持绿色，叶脉变成黄色，叶片局部或全部呈黄色网纹状，最后萎蔫脱落（图10-2A）。②黄化型。病株多从叶尖或叶缘开始，局部或全部褪绿变黄，随后逐渐变褐枯死或脱落（图10-2B）。③紫红型。叶片变紫红色或呈紫红色的斑块，之后逐渐萎蔫、枯死、脱落（图10-2C）。④青枯型。叶片突然失水，色稍变深绿，萎蔫下垂，猝倒死亡，有时全株青枯，有时半边萎蔫（图10-2D）。⑤皱缩型。5～7片真叶时，从生长点嫩叶开始，叶片出现皱缩、畸形，叶色变深，叶片变厚，节间缩短，植株变矮，一般不枯死，常与黄色网纹型混合发生（图10-2E）。

图10-2　棉花枯萎病发病类型

A.黄色网纹型；B.黄化型；C.紫红型；D.青枯型；E.皱缩型

## 三、发生规律

棉花枯萎病是典型的以土壤传播为主的维管束病害。病原菌以菌丝体、分生孢子和厚垣孢子在棉子、棉子壳、棉饼、病株残体或病田土壤中越冬。第二年播种棉花后，当环境条件适宜时，病菌开始萌发，从根毛或根部伤口处侵入，在维管束组织内迅速繁殖，随着输导系统的液流向上运行，依次扩散到茎、枝叶、铃柄和种子等部位，棉花收获后，病菌随病株残体在土壤、种子等场所越冬，成为翌年的初侵染源。

枯萎病病菌在土温20℃左右开始侵染棉苗，随着地温的上升，田间枯萎病病株率显著上升，在6月中下旬，北方棉区地温达到25～30℃，枯萎病发生达到高峰。夏季温度较高时，病势暂停发展，进入潜伏期。秋季土温下降后，发病有所回升，但不会出现明显的发病高峰。当土温适宜时，雨量也是影响发病的一个重要因素。一般五六月份雨水多，雨日持续时间较长，发病严重；地下水位较高或排水不良的低洼棉田发病也严重。

## 四、防治方法

棉花枯萎病传播流行快、分布广、危害大，因而在防治策略上应注意因地制宜，区别对待，采取以种植抗病品种为主的综合防治措施。

1.种植抗病品种　不同的棉花品种对枯萎病的抗性差异明显。种植抗病品种是防治枯萎病最为经济有效的措施。目前，我国审定、推广的棉花品种对枯萎病的抗性均较好，部分品种还可以达到高抗水平，可因地制宜地推广种植。

2.农业防治　①播前处理种子（包括选种、晒种、种子消毒和药剂处理种子）是促苗、壮苗、防病的主要措施。②实行轮作换茬，在黄河流域棉区，可采取两年三熟轮作措施，即小麦—玉米—棉花，有减轻发病的作用，重病田一般轮作5年以上，再种棉花，发病明显减轻。③加强田间管理，病田棉柴、枯枝落叶应彻底清除，集中销毁，减少土壤菌源。④重施有机肥和磷、钾肥，合理灌溉，及时排除田间积水，改善棉田生态条件，增强棉株抗病能力。

## 第三节　棉苗立枯病

## 一、概述

棉苗立枯病又称烂根、黑根病，是棉花苗期的主要病害，在我国各棉花生产区均有分布，在黄河流域棉区发生较普遍，轻者造成缺苗断垄，重病年则大量死苗，造成毁种。

## 二、病原及发病症状

棉苗立枯病的病原菌为立枯丝核菌（*Rhizoctonia solani*）。

棉种从播种到出苗，均可受到立枯病菌的侵染。棉花播种后，种子萌动但还未出土前，病菌便侵染地下幼根、幼芽，造成烂种、烂芽。棉苗出土后，初期在幼茎基部产生褐色病斑，之后病斑逐渐扩大、凹陷、内缩、腐烂，严重的可扩展到茎的四周，凹陷部位失水过多而呈蜂腰状，最后变成黑褐色，子叶垂萎，病苗枯死。病株叶片一般不表现特殊症状，仅仅由于失水而表现枯萎，但也有棉苗受害后，在子叶出现不规则黄褐色斑，最后病斑破裂穿孔（图10-3）。

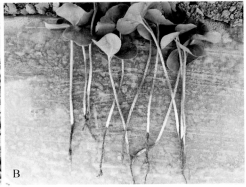

图10-3 棉苗立枯病发病症状

A.棉苗立枯病田间整株发病症状；B.棉苗立枯病茎基部发病症状

## 三、发生规律

棉花立枯病病菌主要营寄生生活，但在土壤中有很强的腐生生活能力。病菌常以菌丝体或菌核在土壤或病株残体中腐生越冬。第2年，病菌遇适宜条件和寄主，直接侵入或从自然孔口及伤口侵入，造成组织坏死变褐，2～3d后可造成死苗。

气候条件是影响棉苗立枯病发生的主要因素，低温高湿有利于病菌的生长繁殖及侵染危害。因此，阴雨天最适宜棉苗立枯的发生。棉花是喜温作物，播种后遇到低温多雨会影响棉子萌发和出苗速度，易遭受病菌侵染而造成烂种、烂芽。特别是低温伴有寒流和阴雨，有利于病害大发生，而造成成片死苗。棉苗立枯病危害主要在5月上、中旬发生。

## 四、防治方法

棉苗病害种类较多，往往混合发生，因此，棉花苗期病害防治应采取以农业防治为主、棉种处理及化学药防治为辅的综合防治措施。

**1.选用高质量的棉种适期播种** 棉种质量好，出苗率高，苗壮病轻。以5cm地温稳定达到12（地膜棉）～14℃（露地棉）时播种，即气温平均在20℃以上时播种为宜，早播引起棉苗根病的决定因素是温度，而晚播引起棉苗根病的决定因素则是湿度。

**2.加强田间管理** 秋冬进行深耕可将棉田内的枯枝落叶等连同病菌和害虫一起翻入土壤下层，对防治苗病有一定的作用。出苗后，如遇雨水多的年份，应当在天气转晴后及时中耕松土，提高地温，降低土壤湿度，使土壤疏松，通气良好，减轻苗病发生。

**3.化学防治** 化学防治主要包括种子包衣、拌种、喷雾和浸种。应用种衣剂包衣防治棉花苗期病害，是生产上最切实可行的防治方法。目前，商业化的种子均采用含杀菌种衣剂包衣，对棉花苗期病害可起到很好的防治作用。

## 第四节 棉铃疫病

### 一、概述

棉铃疫病是棉花铃期的主要病害，其发病率及危害性居各种铃病之首。棉铃疫病在全国各棉区均有分布，以长江流域和黄河流域棉区比较常见，新疆等西北内陆棉区少见。棉铃感病后，轻的形成僵瓣，重的全铃烂毁。一般棉田烂铃率为5%～10%，多雨年份可达30%～40%，严重影响棉花的产量和质量。

### 二、病原及发病症状

棉铃疫病病原为芝麻疫霉（*Phytophthora boehmeriae*）。

棉铃疫病多危害棉株下部的成铃，生长茂盛或郁蔽的棉田容易发病。最初从棉铃基部或铃缝开始出现青褐色至青黑色水渍状病斑，一般不软腐，形状不规则，边缘颜色渐浅。开始发病时，健部与病部有较明显的界限，病部扩展后，界限即模糊不清。病斑不断扩散，一般3～5d后整个棉铃变为光亮的青绿至黑褐色病铃（图10-4）。单纯疫病危害的棉铃，发病后期在铃壳表面产生一层霜霉状物，即疫病菌的孢子囊和菌丝体（图10-5）。但通常情况下，病铃很快被其他腐生菌或弱寄生菌侵染，疫病症状被掩盖，棉铃逐渐腐烂，棉絮变成僵瓣（图10-5）。

图10-4　棉铃疫病发病初期症状

A.从铃底部开始发病；B.从铃尖开始发病；C.从铃缝开始发病

图10-5　棉铃疫病发病后期症状

A.病铃；B.铃壳覆盖霜霉状物；C.棉农摘除的病铃

## 三、发生规律

病菌以卵孢子形式在土壤中越冬，以菌丝形式在种子中越冬。经过春夏季在土壤中的一段腐生生活后，产生孢子囊，到蕾铃期，从孢子囊释放出的游动孢子随着土面溅散的雨水传播到棉铃，进行侵染。一般棉铃疫病开始发生于7月下旬或8月上旬，8月中下旬为发病盛期，大部分烂铃集中在棉株下部1～5果枝内。病菌在15～30℃温度范围内都能侵染棉铃，致病适温为24～27℃，湿度范围也很广，56%～100%湿度下都能发病。铃期天气多雨是棉铃疫病流行的重要因素，降雨不仅影响病情发生的轻重，也决定发病的早晚。

## 四、防治方法

**1.物理防治** ①在棉田行间铺设麦秆、塑料薄膜阻隔土壤中的病原菌随水流飞溅到棉铃上。②早摘烂铃。发病初期，铃皮变黑后，内部棉絮仍完好，及时摘下病铃进行晾晒，既能收获棉絮，减少产量损失，又能防止病铃再传染。

**2.栽培措施** ①采用间作套种的模式，可有效降低棉铃疫病的发生。在黄河流域棉区，可采用棉－蒜、棉－麦、棉－薯、棉－豆等间作套种。②加强田间管理，防治棉株生长过旺，枝叶过密，田间郁蔽，导致田间湿度过大。③合理施肥，氮肥用量不宜过多，合理增施磷、钾肥。④雨后及时排出田间积水，扶正倒伏棉株，使棉铃脱离地面，推株并垄，散发土壤水分，降低田间湿度，减少病菌滋生和侵染。

**3.化学防治** 在棉花盛花期后1个月开始喷施防治棉花铃病的化学药剂，每10d左右喷一次，北方棉区根据雨季长短喷施2～5次。喷施时，注意把药剂均匀地喷洒在棉株1/3～1/2的下部棉铃上。

## 第五节　棉花生理性早衰

### 一、概述

棉花生理性早衰是一类非侵染性病害的总称，包括生理性病害、一些病虫害侵害诱发的、肥水管理失调等导致的早衰。棉花早衰的发生和危害已遍及我国西北内陆、黄河流域及长江流域三大主要棉区。该病在黄河流域和长江流域发生普遍而严重。一般造成减产15%～20%，严重的可达50%以上。

### 二、发病症状

早衰是一类非侵染型病害，没有生物性病原，但一些病虫害侵入对其发生有诱发作用，如黄萎病侵入、黑斑病侵入均会促进其发生和加重其危害。

早衰以危害棉花叶片为主，连片发生或全田发生。当棉花进入花铃期后，自下而上叶片叶肉均匀地黄化失绿，叶功能丧失，后期，叶焦枯，有铃无叶，光秆无秋桃，植株矮小，提前衰老、枯萎，蕾、铃脱落严重，僵瓣、干铃增加，果枝果节少，封顶早，生长无后劲，上部空果枝多，提前吐絮，纤维品质下降（图10-6）。早衰品种发生率可达100%，发病株茎秆和叶柄维管束不变色。

图10-6　棉花生理性早衰田间症状
A.病叶；B、C.病株；D.后期症状

### 三、发生规律

高温、低温及高低温交替易引发早衰。过高的温度影响棉花授粉受精，对坐伏桃不利，大部分坐桃较多的棉田都在此段时间落叶垮秆，造成早衰；连续低温易导致棉花叶片发红发紫，随后枯萎脱落，不能进行正常的光合作用，从而影响植株正常生长发育，形成大面积早衰；温度急剧变化导致早衰大面积发生，表现为叶片变黑焦枯、脱落，棉株死亡。

### 四、防治方法

棉田发生早衰后，应注重早期综合防控，具体防治方法如下：

1.种植抗早衰棉花品种　因地制宜选择种植抗病、虫能力强，抗逆性好的高产优质棉花品种，可以预防棉花中后期发生早衰。

2.平衡施肥　施足底肥，增施有机肥，重施花铃肥，补施钾肥，合理使用微肥、叶面肥，为棉花植株生长供应充足的养分，满足其不同阶段的生长需求，提高植株的免疫能力。

3.全程化控培育理想株型　缩节胺化控可有效控制棉花旺长、塑造理想株型，使棉株生长稳健，抑制早衰发生。化控应遵循"早、轻、勤"的原则。根据棉花长势、气候条件等因素确定缩节胺的用量。

4.及时回收残膜　地膜覆盖棉田，及时回收棉田残留地膜，减少残膜对棉花根系生长发育和分布的影响，促进棉根正常生长，减轻早衰发生。

# 参考文献

陈方新，高智谋，齐永霞，2004.棉疫病研究进展[J].安徽农业科学，32 (3): 546-548.

陈兰，赵金辉，张桂芝，等，2016.棉花早衰的成因及预防措施[J].安徽农学通报，22(13): 58-60.

高有伟，2008.棉花枯、黄萎病发病规律和防治措施[J].安徽农学通报，14(13): 207.

何叶，高树凯，乔国梅，等，2007.棉花立枯病的症状及防治[J].北京农业(25): 44-45.

李金华，王俊红，孙岩国，2011.棉花黄枯萎病发病规律及防治措施[J].现代农业科技(21): 197,200.

李明桃，2012.棉花枯萎病的研究[J].农业灾害研究，2(4): 1-3, 16.

李明桃，2014.棉花黄萎病的发生规律与防治技术探析[J].园艺与种苗(9): 52-55.

李社增，鹿秀云，郝俊杰，等，2017.棉花烂铃病的发生、品种抗病性及主要病原菌致病力分析[J].植物病理学报，47(6): 824-831.

林玲，张昕，邓晟，2014.棉花黄萎病研究进展[J].棉花学报，26(3): 260-267.

鹿秀云，李社增，李宝庆，等，2013.利用行间覆膜技术防治棉花烂铃病[J].中国棉花，40(7): 29-31.

鹿秀云，周洪妹，李社增，等，2014.防治棉铃疫病的9种化学杀菌剂筛选与评价[J].河北农业科学，18(3): 39-42.

雒珺瑜，马艳，崔金杰，2015.棉花病虫害诊断及防治原色图谱[M].北京:金盾出版社.

马平，沈崇尧，1994.棉铃疫菌的越冬存活[J].植物病理学报，24(1): 74-79.

王茂华，2014.棉花苗期常见病害的识别与防治[J].农业灾害研究，4(3): 1-2, 62.

徐青，曹宗鹏，杨厚勇，等，2013.棉花枯萎病的发生规律及防治[J].农业科技通讯(3): 207-208.

许宗弘，2010.棉花枯黄萎病研究现状及展望[J].知识经济(16): 132.

曾娟，陆宴辉，简桂良，等，2017.棉花病虫草害调查诊断与决策支持系统[M].北京:中国农业出版社.

张玉娟，韩秋成，任爱民，等，2014.冀南棉区棉花苗期主要病害及防治措施[J].现代农村科技(16): 36.

中国农业科学院植物保护研究所，中国植物保护学会，2015.中国农作物病虫害(第三版)[M].北京:中国农业出版社.

# 第十一章
# 棉花主要虫害及其防治

棉花虫害是影响棉花生产的关键因素，一般年份造成棉花产量损失15%～20%，严重年份可达30%～50%。近年来，随着转基因抗虫棉大面积种植、农业种植结构调整、防治技术及装备发展等变化，棉花主要虫害种类、地位及灾变机制也发生了明显变化。目前，黄河流域棉区棉花主要害虫包括棉蚜、棉叶螨、棉铃虫、绿盲蝽、甜菜夜蛾、烟粉虱和蓟马7种，明确其危害特征、形态特征、发生规律及防治方法，对提高棉花害虫防控水平、促进棉花产业绿色发展具有重要意义。

## 第一节 棉 蚜

### 一、概述

棉蚜 [*Aphis gossypii*（Glover）]，属半翅目蚜科，别名蜜虫、腻虫等。是世界性分布的害虫，在我国各个棉区均有分布和危害，黄河流域棉区是危害最严重的区域，尤以苗期危害较重，个别年份存在伏蚜暴发性危害，对棉花苗期的营养生长及生育进程有明显抑制。

### 二、危害特征

棉蚜以成蚜、若蚜群集于棉花叶片背面、嫩叶和嫩芽等部位，以刺吸式口器吸食汁液。棉花苗期受害后，叶片出现卷曲或皱缩，叶面光合作用和正常生理代谢活动受到影响，造成植株矮小、生长缓慢，棉花现蕾开花推迟；棉蚜取食过程中，从腹管分泌大量蜜露，使茎叶呈现油光状态，使得叶片容易被尘土吸附污染，影响叶片光合作用，蜜露常诱发霉菌滋生，导致蕾铃受害，甚至脱落，蜜露还会吸引蚂蚁进行取食，影响棉蚜天敌的控制作用（图11-1）；棉蚜还传播甜瓜病毒病等60多种作物病毒，转移取食会造成病毒病的传播扩散。

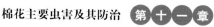

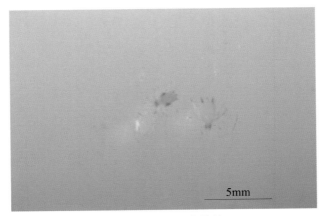

5mm

图11-1　棉蚜侵害棉株

## 三、形态特征

棉蚜卵椭圆形，长0.5～0.7mm，初产时橙黄色，后变为漆黑色，有光泽。

若虫分为有翅若蚜和无翅若蚜。有翅若蚜共4龄，夏季体色淡红色，秋季灰黄色，二龄后出现翅芽，经4次蜕皮后变为有翅胎生雌成蚜。无翅若蚜共4龄，夏季体色黄色或黄绿色，春秋季蓝灰色，复眼红色，经4次蜕皮变为无翅胎生雌成蚜。

成蚜有几种不同形态变化：

干母：无翅，茶褐色，体长1.6mm，触角5节，约为体长的一半，行孤雌生殖。

无翅胎生雌蚜：体长1.5～1.9mm，宽0.65～0.86mm，夏季体色黄绿色或黄色，春秋季深绿色、蓝黑色或棕色，体表具清晰的网纹状构造，触角6节，腹部末端有1对暗色短腹管，尾片青绿色，两侧有刚毛3对。盛夏常发生小型蚜，俗称伏蚜，触角可见5节，体黄色。

有翅胎生雌蚜：体长1.2～1.9mm，大小与无翅胎生雌蚜相近，体黄色、浅绿色或深绿色，前胸背板黑色，触角6节，第三节有排成一行的感觉孔5～8个，第四节没有感觉孔或仅有1个，第五节末端和六节膨大部各有1个感觉孔，翅2对、透明，前翅中脉3支，腹管暗黑色，圆筒状，尾片青绿色，两侧有刚毛3对。

有翅性母蚜：为当年第一代无翅卵生雌蚜之母，体背骨化斑纹更加明显，触角第三节有次生感觉圈7～14个，9个居多，第四节0～4个，第五节偶有1个。

无翅有性雌蚜：体长1.0～1.5mm，触角5节，后足胫节膨大，为中足胫节的1.5倍，上有圆形的性外激素分泌腺。

有翅雄蚜：体型较小，体长卵形，腹背各节中央各有一黑横带，触角6节，第三至五节依次有次生感觉圈33、25和14个。

### 四、发生规律

棉蚜在黄河流域、长江流域和华南棉区每年发生20～30代，除华南部分地区棉蚜是不完全生活史周期外，大多数棉区棉蚜属于全生活周期。棉蚜繁殖能力很强，气温较低的早春和晚秋，棉蚜约10d繁殖1代，气温转暖时，4～5d繁殖1代，每头成蚜一生可产60～70头若蚜，繁殖期约10d，一般每天可产5头，最多可产18头。

有翅蚜的产生与寄主植物营养条件恶化、种群密度过大及不适宜的气候条件等因素有关。越冬寄主上的棉蚜有翅蚜发生高峰期与棉苗出土期吻合，有翅蚜5月上中旬开始迁入棉田，受虫源地距离远近、迁入数量多少、风向风力等因素影响，棉蚜在棉田分布不均匀，初期蚜害呈点片发生，播期早、出苗快的棉田，有翅蚜着落量大，棉蚜危害较重；5月下旬至6月上旬，早期受害的棉苗蚜群拥挤，叶片营养条件恶化，通过无翅蚜爬行和有翅蚜迁飞扩散，棉蚜逐渐在全田分布，蚜害普遍发生；6月上旬末至6月中旬，小麦陆续黄熟收割，麦田内瓢虫等天敌跟随棉蚜迁入棉田，棉蚜种群数量得到控制，但这一时期棉田用药频繁，大量天敌被误杀，生态控制效果不甚理想。苗蚜和伏蚜是棉蚜在不同环境条件下种下分化的2个生态型，也是棉蚜对棉花生产造成危害的主要生物型。苗蚜发生在棉花苗期，个体较大，深绿色，适宜的繁殖温度是16～24℃，当连续5d平均气温超过25℃且相对湿度大于75%时，苗蚜繁殖受到抑制，日均气温达到27℃以上时，苗蚜种群明显减退。经过一定时间的高温，残存棉蚜产出体形较小、黄绿色的伏蚜，在较高温度下可以正常发育繁殖，适宜的繁殖温度为24～27℃，适宜繁殖相对湿度为55%～75%，单株虫口数量在高峰时可达万头以上，伏蚜分泌的蜜露犹如油腻展布，严重时蕾铃脱落，危害持续时间20～40d；多雨年份或多雨季节不利于伏蚜发生，但时晴时雨的天气有利于伏蚜迅速增殖。

### 五、防治方法

**1.农业防治** ①冬春季及时铲除田边地头杂草，提早防治越冬寄主上的棉蚜；②棉花小麦套作，减少小麦黄熟期的麦田和棉田用药，有效保护麦蚜天敌向棉苗转移；③棉田地缘播种春玉米、油菜等条带，吸引天敌控制棉田蚜虫；④苗期统筹控制氮肥施用，注意高氮棉田的棉蚜防控。

2.**生物防治** 提高科学用药水平，在蚜虫天敌种群增殖初期减少化学农药使用量和频率，避免杀伤天敌，发挥天敌的自然控蚜能力。

3.**物理防治** 利用有翅蚜的趋黄习性，利用黄色波段的频振式杀虫灯、双色粘虫板等物理诱控产品降低有翅蚜种群密度及转移危害。

4.**化学防治** ①利用种衣剂进行种子处理。选用600g/L吡虫啉悬浮种衣剂（高巧）或30%噻虫嗪种子处理悬浮剂（锐胜）进行播前包衣，根据包衣设备及条件，种子与药浆比控制在1∶（25～50），保证种子包衣质量。②药剂防虫。可选用50g/L双丙环虫酯可分散液剂、50%氟啶虫胺腈、10%吡虫啉可湿性粉剂或20%啶虫脒可溶性粉剂兑水喷雾防治，必须注意药剂轮换。

化学药剂喷雾防治棉蚜时，需根据防治指标科学合理安排施药时间，不可"见虫就喷"，苗蚜三叶期前的防治指标是卷叶株率达20%，三叶期之后防治指标为卷叶株率达30%～40%，伏蚜的防治指标为单株顶部、中部和下部三叶的蚜虫数量达150～200头。

## 第二节 棉 铃 虫

### 一、概述

棉铃虫［*Helicoverpa armigera*（Hübner）］属鳞翅目夜蛾科实夜蛾亚科棉铃虫属，是世界性重大害虫，在我国各棉区均有发生。转基因抗虫棉商业化种植之前，棉铃虫在黄河流域棉区常年发生、危害严重，特别是1992年，二代棉铃虫发生严重，百株幼虫量超过100头，严重地块棉株嫩尖和幼蕾被害率高达90%，个别地块出现棉株被取食成光秆。1997年转基因抗虫棉开始在我国大面积推广种植，有效控制了棉铃虫的发生危害，棉铃虫已不再是主要致灾因子。近年来，我国棉花种植格局发生巨大变化，内地棉花面积明显减少，新疆棉区种植面积逐年增加，棉铃虫因其杂食性、多寄主等特点，使得内地农业系统中棉花以外的玉米、小麦、花生、向日葵等寄主上的棉铃虫成灾概率增加，新疆棉区因生物群落多样性下降、栽培模式、耕作制度等影响，棉铃虫发生也日益严重。

### 二、危害特征

初孵幼虫先吃掉卵壳，然后转移到叶背栖息，当天不食不动，翌日转移到嫩叶、嫩梢、幼蕾等部位取食，3龄以后多钻入蕾、花、铃中危害。蕾被害后，形成的蛀孔较大，蕾外有虫粪排出，蕾苞叶张开，变为黄绿色而脱落；危害花时，从子房基部蛀入花内，被害花一般不能结铃；危害铃时，从青铃基部蛀入，取食一至数室，虫体大半露在铃外，虫粪也排出铃外，被取食的青铃往往仅留铃壳，或引起其他铃室腐烂或形成僵瓣（图11-2）。

**图11-2 棉铃虫危害**

A.幼虫取食叶片；B.幼虫钻蛀幼蕾；C.幼虫取食花；D.幼虫钻蛀棉铃

## 三、形态特征

成虫：体长15～20mm，翅展27～38mm（图11-3）。前翅，雌蛾赤褐色或黄褐色，雄蛾多为青灰色或灰绿色；环形纹圆形，有褐边，中央有1个褐点；肾状纹褐色，中央有1个深褐色肾形斑。后翅，灰白色，翅脉褐色，中室末端有1条褐色条纹，外缘有1条茶褐色宽带纹，上有2个月牙形白斑。雄蛾腹部末端的抱握器毛丛呈"一"字形。

卵：近半球形，长0.51～0.55mm，宽0.44～0.48mm，顶部稍隆起，底部较平。初产卵黄白色或翠绿色，逐渐变黄色，近孵化时变为红褐色或紫褐色，顶部黑色（图11-4）。

| 图11-3　棉铃虫成虫 | 图11-4　棉铃虫的卵 |

幼虫：多为6个龄期，初孵幼虫头壳漆黑，身上条纹不明显，随着虫龄增加，前胸盾板斑纹和体线变化多样。

1龄体长1.8～3.2mm，头宽0.21～0.28mm，头纯黑色，前胸背板红褐色，体表线纹不明显，臀板淡黑色、三角形。

2龄体长4.2～6.5mm，头宽0.38～0.46mm，头黑褐色或褐色，前胸背板褐色，两侧缘各出现1条深色纵纹，体表背面和侧面出现浅色线条，臀板浅灰色、三角形。

3龄体长8.0～12.2mm，头宽0.59～0.79mm，头淡褐色，出现大片褐斑和相连斑点，前胸背板两侧绿黑色，中间较淡，二纵纹明显，气门线乳白色，臀板淡黑褐色，斑纹退化变小。

4龄体长15.5～23.9mm，头宽0.9～1.52mm，头淡褐色带白色，有褐色纵斑，出现小片网纹，前胸背板出现白色梅花斑，体表出现黄白色条纹，臀板上斑纹退化成小纵条斑。

5龄体长22.0～29.0mm，头宽1.44～2.06mm，头较小，常有小褐斑，前胸背板白色，斑纹复杂，体侧3条线条不明显，臀板上斑纹消失。

6龄体长30.8～40.2mm，头宽2.56～2.80mm，头淡黄色，白色网纹明显，前胸背板白色，斑纹复杂，体侧3条线条明显，臀板上斑纹消失。

蛹：体长14.0～23.4mm，体宽4.2～6.5mm，呈纺锤形。初期蛹体色乳白色至褐色，常带绿色，复眼、翅芽、足均半透明，复眼外侧有斜线排列的4个黑褐色眼点，滞育蛹越冬后眼点消失；中期蛹为褐色，足逐渐发黑，翅芽不透明，边缘不发黑；后期蛹深褐色至黑褐色，翅芽边缘先发黑，近羽化时翅芽、复眼直至全身发黑。

## 四、发生规律

黄河流域棉区1年发生4代，以滞育蛹越冬，4月中、下旬始见成虫，一代幼虫危害盛期为5月中下旬，5月末大量入土化蛹，主要危害小麦、豌豆、苜蓿、苕子等。一代成虫始见于6月上旬末至6月中旬初，盛发期6月中、下旬，二代幼虫危害盛期为6月下旬至7月上旬，主要危害棉花；二代成虫始见于7月上旬末至中旬，盛发于7月中、下旬，三代幼虫危害盛期为7月下旬至8月上旬，主要危害棉花、玉米、花生、豆类等；三代成虫始见于8月上、中旬，四代幼虫除危害棉花、玉米、花生、豆类外，还取食高粱、向日葵、苜蓿等。黄河流域主要以第四代滞育蛹越冬，部分非滞育蛹当年羽化，并可产卵、孵化，但幼虫多因低温死亡。

## 五、防治方法

**1. 农业防治**　①种植转基因抗虫棉品种，严格选择通过品种审定、抗虫效率高、抗虫性稳定的优良种子；②对棉铃虫发生较为严重的棉田，结合冬前深翻和冬灌处理，杀灭越冬蛹，一代棉铃虫虫口密度大的麦田，在小麦收获后可进行翻耕以破除蛹室，减少二代棉铃虫虫源；③在棉田边缘或田埂上种植春玉米诱集带，减少棉铃虫在棉花上的产卵量，并可为瓢虫等天敌提供栖息场所。

**2. 物理防治**　棉铃虫成虫具有明显的趋光性，可以利用频振式杀虫灯、虫情测报灯等对成虫进行灯诱。

**3. 理化诱控**　利用棉铃虫性信息素进行性诱，每667m² 悬挂配套诱捕器2~3个，设置诱芯高度高于棉花顶部20cm左右，1个月更换一次诱芯。

**4. 化学防治**　转基因抗虫棉具有良好的抗虫性，二代棉铃虫可以得到有效控制，无需化学药剂防治；后期抗虫性有所下降，应做好虫情监测，达到防治指标时进行化学防治，黄河流域棉区防治指标为二代百株低龄幼虫20头、三代15头。药剂防治时，可在初孵幼虫或2~3龄低龄幼虫高峰期用20%氯虫苯甲酰胺悬浮剂、2.5%多杀菌素悬浮剂或0.5%甲氨基阿维菌素苯甲酸盐微乳剂兑水喷雾防治，喷药时注意药剂轮换，并建议添加有机硅等桶混助剂以增加药效。

## 第三节　绿　盲　蝽

### 一、概述

绿盲蝽［*Apolygus lucorum*（Meyer-Dür）］属半翅目盲蝽科丽盲蝽属，在我国各棉区均有分布，主要在黄河流域和长江流域棉区危害；2014年首次在新疆昌吉州玛纳斯县发现其危害棉花、葡萄和向日葵等作物。绿盲蝽寄主范围广泛，据我国记载已有38科150余种，包括棉花、绿豆、蚕豆、向日葵、玉米、枣、葡萄等。

### 二、危害特征

绿盲蝽以成、若虫刺吸取食棉花叶片、花、铃发育过程中的幼嫩部位，通过口针的剧烈活动撕碎植物细胞，同时向棉花组织内注入含有多聚半乳糖醛酸酶等酶类物质的唾液，将植物细胞与组织分解成泥浆状物质，以利于虫体吸入。棉花子叶期生长点受害后，不能再发生新芽，只留有两片肥厚的子叶，成为无头苗。真叶期顶叶受害后，顶芽枯死，主茎不再发育，但基部生出不定芽，形成多头苗。棉花嫩叶受害后，先呈现小黑点，随叶片生长，被害处形成不规则的孔洞。现蕾期，幼蕾受害后，危害部位先出现黑色小斑点，2～3d后全蕾变成灰黑色，随后枯死脱落；大蕾遭取食后，先出现黑色小斑点，苞叶微微向外张开，很少脱落。花瓣初现时，顶部遭受绿盲蝽取食危害，花冠出现黑色小斑点，花瓣卷曲变厚，不能正常开放；开放后受害，胚珠柱头旁的花药变黑，花药内花粉囊干瘪，严重时只剩柱头。幼铃受害后，铃壳表面密布黑色刺点，刺点较少时形成畸形铃，如刺点面积达到铃面积1/5，则可造成幼铃脱落或变黑僵死，不能正常发育吐絮；中型铃受害后，刺点周围常有胶状物流出，局部僵硬，很少脱落；大铃受害后，铃壳上出现点片状的黑斑，但不脱落（图11-5）。

### 三、形态特征

成虫：体长5.0～5.5mm、宽2.5mm、绿色，头宽短，复眼黑褐色、突出，无单眼。触角4节，比身体短，第二节最长，基部两节黄绿色，端部两节黑褐色。喙4节，端节黑色，末端达后足基节端部。前胸背板深绿色，密布刻点，小盾片三角形、黄绿色，具浅横皱。前翅革片为绿色，革片端部与楔片相接处呈灰褐色，楔片绿色，膜区暗褐色。足黄绿色，腿节膨大，后足腿节末端具褐

图 11-5 绿盲蝽危害
A、B.叶片危害状；C.花危害状；D.幼铃危害状；E.棉铃危害状

色环斑，胫节有刺（图 11-6）。

卵：长 1.0mm 左右，宽 0.26mm，长形，端部钝圆，中部略弯曲，颈部较细，卵盖黄白色，中央凹陷，两端稍微突起。

若虫：洋梨形，体鲜绿色，被稀疏黑色刚毛，头三角形。1～3 龄若虫体形相对较小，1 龄无翅芽，2 龄具极微小的翅芽，3 龄若虫翅芽与中胸分界清晰，中胸翅芽盖于后胸翅芽上，后胸翅芽末端达腹部第一节中部，4 龄翅芽绿色，末端达腹部第三节，5 龄若虫中胸翅芽绿色，末端达腹部第五节（图 11-7）。

## 四、发生规律

绿盲蝽在黄河流域棉区 1 年发生 5 代，产卵期长，成虫寿命长，田间世代重叠，以卵在果树断枝或枯死杂草等场所越冬。4 月中、下旬越冬卵开始孵化，孵化期内连续降雨利于卵的孵化和种群发生。一代若虫主要在果树、杂草等越

图11-6　绿盲蝽成虫

图11-7　绿盲蝽若虫

冬寄主或周边植物上取食，一代成虫羽化高峰在5月下旬至6月初，部分成虫向开花杂草或处于花期的茼蒿、蚕豆等作物转移并产卵繁殖，二代成虫在6月中、下旬处于羽化高峰期，随后大量迁入棉田，三、四代若虫主要在棉花上取食危害，三代成虫在7月下旬至8月上旬羽化、四代成虫于9月初羽化，随着棉花进入吐絮期，叶片及蕾铃老化，大部分成虫转移至田边杂草上产卵繁殖，五代成虫于9月底至10月初迁移到越冬寄主上危害并产卵越冬。

　　绿盲蝽卵多为散产，在第2～10果枝均有分布，产卵部位隐蔽，叶柄上卵量最高，约占总卵量的50%，其次是叶脉、蕾柄与铃柄，约占40%，叶肉、蕾、苞叶、铃、侧枝等部位产卵量较低，仅占5%，主茎上未发现绿盲蝽产卵。产卵时间集中在下午6点至翌日早晨6点，占全天产卵量的93.4%，在25℃时，雌成虫一般在7日龄后开始产卵，产卵持续时间长，最长在76日龄时仍可产下2粒有效卵。

　　成、若虫白天隐匿在棉株下部或叶背等处，躲避高温与天敌捕食，取食、羽化、交尾产卵等活动主要在傍晚或夜间进行。成虫羽化主要在下午和晚上进行，羽化过程持续15min。羽化后3～5d达到性成熟，交配前，雌、雄成虫之间具有明显的性召唤行为，雌成虫释放以丁酸己酯和丁酸己烯酯为主的性信息素来吸引雄成虫交配，释放时间集中在晚上9点至翌日早晨5点，多数雌成虫一生中可多次交配。

　　绿盲蝽成虫对不同寄主植物具有明显的选择偏好性，嗜好绿豆、野艾蒿、艾蒿、葎草等植物；成虫还具有明显的趋花性，喜食植物花蜜，对植物花中的挥发性物质有特殊趋性，其季节性寄主转移规律基本与不同寄主植物花期顺序一致。

## 五、防治方法

**1.农业防治** ①关注越冬寄主上的绿盲蝽越冬卵孵化情况，4月上旬，越冬卵孵化之前，通过果树修剪、铲除杂草等方式减少虫源基数。②合理间套作，避免棉花与枣、葡萄等果树邻作、间作，减少绿盲蝽在多寄主间的转移危害。③不可偏施氮肥造成旺长，及时整枝化控，减轻绿盲蝽在棉田内的繁殖和危害。④可在棉田周边种植绿豆诱集带，但注意定期对诱集的绿盲蝽进行化学防治，避免诱集带成为虫源带。

**2.理化诱控** 利用绿盲蝽性信息素进行性诱，每667m²悬挂配套诱捕器2～3个，设置诱芯高度高于棉花顶部20cm左右，1个月更换一次诱芯。

**3.化学防治** 黄河流域棉区绿盲蝽防治指标为二代（苗、蕾期）百株5头，或棉株新被害株率达2%～3%；三代（蕾、花期）百株10头，或棉株新被害株率达5%～8%；四代（花、铃期）百株虫量20头。选择在绿盲蝽2～3龄若虫发生高峰期，选用10%联苯菊酯、50%氟啶虫胺腈水分散粒剂、10%溴氰虫酰胺可分散油悬浮剂或45%马拉硫磷兑水喷雾防治，喷药时注意药剂轮换，并建议添加有机硅等桶混助剂以增加药效。

## 第四节 棉 叶 螨

### 一、概述

棉叶螨又称棉红蜘蛛、火龙，在我国各个棉区均有分布，危害种类主要有朱砂叶螨 [*Tetranychus cinnabarinus*（Boisduval）]、截形叶螨（*T. truncatus* Ehara）、二斑叶螨（*T. urticae* Koch）、土耳其斯坦叶螨（*T. turkestani* Ugarov et Nikolski），属于蛛形纲蜱螨亚纲真螨总目绒螨目叶螨科。土耳其斯坦叶螨仅在新疆棉区发生，黄河流域棉区优势种主要是朱砂叶螨，截形叶螨和二斑叶螨为常见物种，与朱砂叶螨混合发生。

### 二、危害特征

棉叶螨危害期贯穿苗期到蕾铃期，成、若、幼螨均能危害棉花叶片，常集中在叶片背面，以刺吸式口器吸食汁液，也可在嫩枝、嫩茎及幼嫩的蕾铃部危害（图11-8A）。遭受叶螨危害后，叶片正面呈现黄白色斑点（图11-8B），后变红，叶背有丝网，严重时，叶片扭曲变形，干枯脱落，状如火烧，棉苗瘦弱，生长停滞。截形叶螨危害叶面后只产生黄白斑点，不产生红叶，叶螨虫口数量

图11-8  棉叶螨危害

A.叶片背面；B.叶片正面

大时，叶背有细丝网，网下群聚螨体。

### 三、形态特征

朱砂叶螨体长0.42～0.52mm、体宽0.28～0.32mm。雌螨梨圆形，夏型雌成螨初羽化体呈鲜艳红色，后慢慢变为锈红色或红褐色；雄成虫螨体长0.26～0.36mm、宽0.19mm，体色红色或橙红色，头胸部前端近圆形，腹部末端稍尖；卵呈圆球形，直径0.13mm，初产时微红，后变为锈红色至深红色；卵初孵的虫态称为幼螨，有3对足，幼螨蜕皮后称为若螨，有4对足。

截形叶螨在外部形态特征上与朱砂叶螨不易区分，但两者雄螨阳茎具有显著差异，截形叶螨阳茎端锤顶部呈截形，并在外侧1/3处有一浅凹；朱砂叶螨阳茎端锤顶部呈弧形，两侧突起大小相似。

### 四、发生规律

棉叶螨属杂食性害虫，寄主范围广泛，除棉花外，还危害豆类、瓜类、玉米、高粱等。叶螨在黄河流域棉区1年发生12～15代，以受精的雌成螨越冬，10月中下旬开始群集在向阳处的枯叶茎秆内、杂草根际、土块或树皮的缝隙内。翌年，2月下旬至3月上旬开始活动取食，在婆婆纳、苦荬菜、苍耳等越冬寄主上繁殖1～2代；5月上旬，随着棉苗出土开始迁入棉田，初期点片发生，逐渐扩散蔓延至整个棉田，黄河流域棉区6月中旬至8月下旬可发生2次高峰。

棉叶螨螨态分为卵、幼螨、若螨和成螨，若螨分为第一若螨和第二若螨。雄螨只有第一若螨期，静伏期后直接蜕皮羽化为雄成螨；雌螨从第二若螨期蜕皮后羽化为雌成螨。棉叶螨主要进行两性生殖，也可以进行孤雌生殖，未经交配的雌成螨繁殖的全为雄螨。一般情况下，雌螨比例远大于雄螨，多数雌螨一生只交配1次，少数交配2～3次，雄螨则可与多头雌螨交配。

棉叶螨在株间的爬行扩散速度较慢，当食料不足或恶化时，叶螨大量聚集在一起，个体间以丝网串黏起来呈球状，随丝下垂，后借助风力扩散至临近棉株，扩散范围较小，田块之间扩散主要依靠外力。干旱或降雨对棉叶螨的种群数量有很大影响，干旱有助于棉叶螨的发生，降雨强度较大时，雨水的冲刷作用能直接减少种群数量，但如果棉株枝叶茂密，短时的风吹雨溅又有利于棉叶螨的传播扩散，雨后如有连续10d以上的干旱天气，棉叶螨种群数量又会迅速回升。

## 五、防治方法

1.**农业防治** ①越冬前及时铲除田边地头杂草，消除叶螨的越冬环境；②棉苗出土前，及时清除棉田内及周边杂草，压低虫源基数；③棉叶螨在连作棉田发生早、危害重，要及早防治。

2.**生物防治** 保护利用天敌，选择对天敌毒性小的杀螨剂。

3.**化学防治** 红叶株率达到20%～30%时进行化学药剂喷雾防治，可选用1.8%阿维菌素乳油、15%哒螨灵乳油或57%炔螨特兑水喷雾防治。

## 第五节 甜菜夜蛾

### 一、概述

甜菜夜蛾 [*Spodoptera exigua*（Hübner）]，又名贪夜蛾、菜褐夜蛾、玉米夜蛾，属鳞翅目夜蛾科。甜菜夜蛾分布广、食性杂，已知寄主达170余种，主要危害十字花科等蔬菜和玉米、棉花、烟草等农作物。

### 二、危害特征

甜菜夜蛾初孵幼虫群集在叶片背面取食叶肉，仅残留下透明的表皮，状如烂窗纸，三龄幼虫分散危害，取食叶片形成孔洞或缺刻，严重时也危害棉蕾、棉铃和幼嫩茎（图11-9）。

图11-9 甜菜夜蛾取食叶片

## 三、形态特征

成虫体长10～12mm，翅展19～25mm，灰褐色，前翅中央近前缘外方有一肾形斑，内侧有一土红色圆形斑，后翅银白色，翅脉及缘线黑褐色。

卵白色，呈圆球形，成块产于叶片正面或背面，排为1～3层、8～100粒不等，卵块外覆有雌蛾脱落的白色绒毛，不能直接看到卵粒。

幼虫分为5龄。末龄幼虫体长约22mm，体色变化较大，有绿色、暗绿色、黄褐色、褐色至黑褐色。腹部气门下线为明显的黄白色纵带，有时带粉红色，直达腹部末端，不弯到臀足上，各节气门后上方有一明显白点，该特征明显区别于甘蓝夜蛾。蛹长10mm，黄褐色，中胸气门外突。

## 四、发生规律

河北棉区1年发生4～5代，老熟幼虫在0.5～5.0cm疏松表土层内做土室化蛹，土层坚硬时，可在土表杂草或落叶内不筑土室即化蛹。

幼虫一般分为5龄，体色多变，有绿色、暗绿色、黄褐色、褐色至黑褐色。初孵幼虫先取食卵壳，后从绒毛中爬出并群聚取食叶片，1、2龄主要在叶片危害，多在叶背卵块处吐丝结网，啃食叶肉，仅残留下透明的表皮，3龄之后开始分散危害，被取食叶片形成穿孔或缺刻，4、5龄为暴食期，取食量占整个幼虫期的80%～90%。幼虫有假死性，受到惊扰，虫体立刻蜷缩成C形，从叶片滚落地面。

成虫白天潜伏于植物根部、土缝或杂草内，傍晚开始活动，19:00～23:00为其产卵盛期，翌日5:00～7:00为其交配盛期。对黑光灯有强趋性。

## 五、防治方法

1.**农业防治**　①秋末冬初进行土地耕翻或冬灌，破坏蛹的越冬场所，消灭浅层土壤中的越冬蛹；②及时清除田内或棉田四周苋菜、龙葵等杂草，恶化其取食条件。

2.**理化诱控**　利用甜菜夜蛾性信息素进行性诱，每667m²悬挂配套诱捕器2～3个，设置诱芯高度高于棉花顶部20～40cm，1个月更换一次诱芯。

3.**化学防治**　选择在甜菜夜蛾1～3龄幼虫发生高峰期，选用20%灭幼脲悬浮剂、5%氟铃脲乳油或5%氟虫脲可分散粒剂兑水喷雾防治，喷药时注意药剂轮换。

## 第六节 烟 粉 虱

### 一、概述

烟粉虱（*Bemisia tabaci* Gennadius）又名棉粉虱、一品红粉虱、甘薯粉虱、银叶粉虱等，属半翅目粉虱科。20世纪90年代前，棉田烟粉虱发生危害较轻，1994年从国外引进一品红后，烟粉虱在上海园林植物上开始大发生，施药难以控制；随后，烟粉虱随着花卉、苗木的运输扩散至保护地迅速繁殖发展，90年代中期以后，各大棉区烟粉虱均有不同程度的暴发成灾，黄河流域棉区、长江流域棉区及西北内陆棉区均有分布。我国发生的生物型多数是B型烟粉虱，分布最广，危害最重。除危害棉花外，烟粉虱还对豌豆、马铃薯、十字花科蔬菜和瓜类等造成危害。

### 二、危害特征

烟粉虱属刺吸式危害，喜欢群集于棉花叶背面，成、若虫吸食棉花叶片汁液，若虫危害较重，导致叶片正面出现成片黄斑，严重时棉株衰弱、蕾铃脱落甚至死亡（图11-10）；成虫、若虫分泌大量蜜露，引发煤污病，影响棉花叶片光合作用和棉花品质；还可传播棉花曲叶病毒病，影响棉花结铃和产量。

图11-10　烟粉虱危害叶片

## 三、形态特征

成虫：体黄色，翅白色无斑点，被有白色蜡粉。雄虫体长0.85mm，尾端钳状；雌虫体长约0.91mm，尾端尖形，雌虫体型略大于雄虫。触角7节。复眼黑红色。前翅脉1根，不分叉，静止时左右翅合拢呈屋脊状（图11-11）。

卵：长梨形，有光泽，长约0.21 mm、宽约0.096mm，有卵柄，与叶

图11-11　烟粉虱成虫

片垂直方向插入叶表缝隙，具有附着和输送水分及营养的作用，叶背面产卵多于正面。卵初产时淡黄绿色，孵化前颜色变深至深褐色。

若虫：分为4龄，第4龄若虫称为伪蛹。1龄若虫椭圆形，扁平，灰白色，稍透明，体周围有蜡质短毛，3对足和1对触角，较活跃，可在同一叶片或其他叶片间爬行寻找取食点。2龄、3龄若虫的足和触角等附肢退化消失，固定在叶片上不动，仅有口器，体呈椭圆形，腹部扁平，体色淡绿色至黄色。4龄（伪蛹）体呈椭圆形，后方稍收缩，体色淡白色，有黄褐色斑纹，背面明显隆起。

## 四、发生规律

烟粉虱耐高温和耐低温的能力均较强，能忍受40℃以上的高温，5℃时成、若虫也能存活，繁殖1个世代仅需19～27d，繁殖速度快，易暴发成灾。1年发生9～11代，世代重叠严重，6月中旬开始迁入棉田，7月上旬发生量较小，不造成明显危害；7月中、下旬大量迁入棉田，种群数量随温度升高而迅速上升，分别在8月中、下旬和9月中旬达到高峰期，影响棉花开花和棉铃生长，危害期持续到9月底至10月初，随着棉花叶片的老化、营养条件的恶化而逐渐结束。

成虫具有明显的趋黄性和趋嫩性，成虫随棉株生长不断向上部嫩叶转移，各虫态在棉株上的分布呈一定规律性，最上部嫩叶多成虫和初产卵，稍下部叶片多为黄褐色卵和初孵若虫，再下部叶片多中、高龄若虫，最下部则以蛹居多。成虫可在棉株上或棉株间做短距离扩散，也可在寄主植物衰老或枯萎时，随气流做长距离飞行，直至找到合适的生存环境时降落。成虫的长距离飞行可以完成其在危害寄主间和越冬寄主间的转移，10月底至11月中旬，从棉花、大豆、蔬菜等作物迁移到温室越冬寄主上危害，以卵、若虫或成虫越冬；4月下旬，少量烟粉虱成虫从温室的越冬寄主迁移到花卉、蔬菜或春季杂草上，种群数量

逐渐上升；6月中旬，从春季寄主迁移到棉花等作物上危害，9月下旬，随着棉花的收获，成虫陆续又向温室转移，进入越冬期。

低温干燥有利于烟粉虱种群的发生增殖，降雨对种群有直接影响，降雨强度越大、降雨时间越长，对成虫的冲刷作用越强。

## 五、防治方法

1.农业防治　北方的日光温室和加温大棚数量的增多，为烟粉虱提供了大量的越冬场所，增加了烟粉虱危害及暴发成灾的概率。①冬季温室和大棚内减少黄瓜、番茄、茄子等烟粉虱寄主的种植规模，种植辣椒、韭菜等非嗜好作物，可以有效降低越冬虫口密度；②棚室内选择种植耐低温作物，冬季降低棚室内温度也可以降低烟粉虱种群密度；③初夏作物换茬时，进行高温闷棚，同时增加棚室湿度至90%以上，提高对烟粉虱的杀灭效果；④铲除棚室内及周围杂草，减少烟粉虱转移寄主。

2.物理防治　①利用烟粉虱对黄色的强烈趋性，在棚室或棉田设置黄板，诱杀成虫；②烟粉虱对苘麻有趋性，可在棉田周围种植或保留苘麻作为诱集带，定期进行药剂防治，减少田内烟粉虱种群危害。

3.化学防治　在初孵若虫高峰期进行化学药剂喷雾防治，可选用10%吡虫啉可湿性粉剂、3%啶虫脒乳油、25%噻虫嗪水分散粒剂、1.8%阿维菌素乳油等药剂，喷雾时，针对棉株中下部并兼顾上部，注意药剂轮换以延缓抗药性。

## 第七节　蓟　马　类

### 一、概述

烟蓟马（*Thrips tabaci* Lindeman）和花蓟马 [*Frankliniella intonsa* (Trybom)] 是危害棉花的主要蓟马种类，均属缨翅目蓟马科，在黄河流域棉区、长江流域棉区和西北内陆棉区均有分布。烟蓟马又称棉蓟马、葱蓟马，主要寄主除棉花外，还包括葱、蒜、洋葱、瓜类等20多种。

### 二、危害特征

成、若虫以锉吸式口器锉破棉花组织吸食汁液，子叶期受害后，生长点变成锈色枯死，子叶变肥大，形成无头苗，有的枯死，造成缺苗，有的10余天后发出新芽，形成"破头棉"；幼嫩真叶受害后，叶背面出现银白色斑块，正面出现黄褐色斑，叶面褶皱不平，呈现畸形烂叶；棉蕾受害后，苞叶张开，严重时可造成脱落（图11-12）。

图11-12　蓟马危害

A.子叶期受害；B.幼嫩真叶受害

## 三、形态特征

### 1.烟蓟马

成虫：体长1.0～1.3mm，体色淡黄褐色；复眼紫红色，稍突出；触角7节，第三节基部的梗很长，第六节向尖端变细，第七节很小；翅淡黄色，细长，翅脉黑色。

卵：长0.1～0.3mm，乳白色，肾形。

若虫：分为4个龄期，形似成虫。1龄若虫白色透明；2龄若虫淡黄色到黄褐色；3龄若虫（前蛹）和4龄若虫（伪蛹）与2龄若虫相似，但有翅芽。

### 2.花蓟马

成虫：体长约1.3mm，体色雌虫黄褐色、雄虫淡黄色、触角8节，第三、四节端部有锥状感觉器。

卵：初产时乳白色，微绿，肾形。

若虫：体色橘黄色至淡橘红色，伪蛹褐色。

## 四、发生规律

烟蓟马在华北地区1年发生6～10代，以蛹、若虫或成虫在棉田土壤或棉花、大葱、杂草等的枯枝落叶中越冬，3～4月早春开始在越冬寄主上活动，4月下旬至5月上旬转入棉田危害，在黄河流域棉区的危害盛期为5月中旬至6月中旬。成虫活跃善飞，能借助风力做远距离飞行扩散，多分布在棉株上半部叶片。成虫、若虫怕光，白天多隐蔽在叶背取食，早晚及阴天可在叶片正面活动取食，对蓝光有较强趋性。

雌虫主要为孤雌生殖，田间多为雌虫，雄虫极少，成虫多产卵于叶片背面叶肉和叶脉组织内。1龄若虫集中在叶脉两侧取食，体形小、体色淡，活动能力差；2龄若虫颜色稍深，2龄若虫老熟后钻入土层成为前蛹，随后化为伪蛹，最后羽化为成虫，一般1龄和2龄若虫期5～10d，前蛹期1～3d，伪蛹期4～6d。

烟蓟马喜干旱，发生的适宜湿度为40%～70%，春季久旱不雨，有大发生的可能。葱（蒜）棉间作、连作棉田及早播棉田，虫情发生较为严重，早春葱（蒜）上的烟蓟马是迁入棉田的主要虫源。

花蓟马在华北地区1年发生6～8代，以成虫在枯枝落叶或土壤表层中越冬，翌年4月中、下旬出现第一代，6～7月、8～9月是花蓟马危害高峰期。成虫有趋花性，卵大部分产于花瓣、花丝、花柄等花内组织中。中温高湿利于花蓟马繁殖危害。棉花与绿肥、蚕豆、油菜等间套作或邻近种植时，棉田内的花蓟马发生与危害较为严重。

## 五、防治方法

1.农业防治 ①秋冬季进行翻耕或冬灌，减少越冬虫量；②冬春及时铲除田间及田边杂草，降低虫源基数；③尽量避免与葱、蒜、绿肥、蚕豆等作物间套作及邻作；④结合间苗、定苗等农事操作，拔除无头苗、多头苗，去除多余赘枝。

2.化学防治 根据蓟马发生情况，当百株蓟马数量在30～50头时进行药剂防治，可选用50%辛硫磷乳油、48%毒死蜱乳油、20%啶虫脒可湿性粉剂兑水喷雾防治。防治期主要在5月中、下旬棉花出苗后至两片真叶期。

## 参考文献

安静杰，党志红，高占林，等，2018.河北省棉蚜对新烟碱类杀虫剂敏感基线及抗药性水平[J].河北农业大学学报，41(4): 112-116.

崔金杰，马齐祥，马艳，2007.棉花病虫害诊断与防治原色图谱[M].北京:中国农业出版社.

戴小枫，郭予元，1993.1992年棉铃虫暴发危害的特点及成因分析[J].中国农学通报，9(5): 38-43.

董吉卫，陆宴辉，杨益众，2012.绿盲蝽成虫的产卵行为与习性[J].应用昆虫学报，49(3): 591-595.

姜玉英，陆宴辉，曾娟，2015.盲蝽分区监测与治理[M].北京:中国农业出版社.

陆宴辉，2012.Bt棉花害虫综合治理研究前沿[J].应用昆虫学报，49(4): 809-819.

许冬，丛胜波，武怀恒，等，2016.氟啶虫胺腈对棉蚜的生物活性及对棉花的安全性[J].植物保护, 42(1): 219-223.

张谦, 王树林, 祁虹, 等, 2019. 种子处理对棉花苗蚜的防治效果及对苗期生长的影响[J]. 农药, 58(7): 537-539.

中国农业科学院植物保护研究所, 中国植物保护学会, 2015. 中国农作物病虫害(第三版)[M]. 北京: 中国农业出版社.

卓德干, 李照会, 门兴元, 等, 2011. 低温和光周期对绿盲蝽越冬卵滞育解除和发育历期的影响[J]. 昆虫学报, 54(2): 136-142.

Lu YH, Wu KM, Jiang YY, et al, 2012. Widespread adoption of Bt cotton and insecticide decrease promotes biocontrol services [J]. Nature, 487: 362-365.

Pan HS, Liu B, Lu YH, et al, 2015. Seasonal alterations in host range and fidelity in the polyphagous mirid bug, *Apolygus lucorum* (Heteroptera: Miridae) [J]. PLoS One, 10(2): e117153.

# 第十二章
# 棉花产品综合利用

棉花作物全身是宝。皮棉作为主产品，是纺织工业的重要原料，棉短绒、棉子、棉秸秆等副产品亦可加以利用。据统计，每生产100kg皮棉，可生产棉短绒14kg、棉子油26kg、棉仁粉64kg、棉子壳60kg、棉秆400kg、棉花蜜15kg、棉根皮10kg、棉酚0.9kg。开发利用好棉花产品，对提高植棉效益意义重大。

## 第一节 棉 纤 维

### 一、棉纤维的利用

棉花是集大宗农产品和纺织工业原料于一身的重要经济作物。明清以来，棉花逐渐取代了麻纤维，成了人们的日常衣着原料。明、清两代，我国手工机器纺织进入全盛时期，纺织生产十分繁荣。18世纪以后，西方纺织业进行了"工业革命"，其纺织技术超过我国。到19世纪初，我国每年达300万匹（约合$5.5 \times 10^4$t）棉布远销西欧。近20年来，随着中国加入WTO，中国纺织品、服装出口迈上新台阶，形成了棉花内外需求较大的"双需"格局，棉花需求总量增加并不断调整。2020年，世界棉花生产量2 485.2万t，我国棉花产量列世界第一位，占24%，是棉花生产、消费大国，也是最大的棉花及纺织品进出口国。

棉花作为是一种天然纤维，从种植到回收，棉制品的循环利用、可持续性使其成为品牌和制造商的首选，棉纤维的舒适亲肤性也深受广大消费者的青睐。棉纤维的下游应用涵盖服装、家纺、非织造用品、3D打印、棉纤维基复合材料等多个领域，其中，棉质纺织品（包括保暖隔热用纤维絮片、棉纤维填充物、棉纱、棉织物等）是棉纤维最主要的应用；除此之外，由于棉纤维的特殊中空扭曲结构，对其进行改性处理相对容易，在改善自身缺点的基础上又可赋予其新的性能，因此，棉纤维除了应用到纺织服装领域，已经逐渐渗透到各个高值化领域，如光催化、电磁防护、医疗卫生等。棉纤维制品的功能化应用热点主要有棉纤维阻燃、超疏水、导电、抗菌、光催化以及抗紫外整理。在科技高速发展以及人类需求不断提高的前提下，棉纤维改性方式、棉纤维制品的功能化整理以及功能化棉纤维制品的产业化还将进一步推进。

## 二、棉纤维的加工

纺织服装是我国传统的优势产业，而我国是全球第一大纺织产业国，其纺织规模占全球55%；棉花纺织品出口占全球的38%～42%，据统计，2020年我国棉纺织用棉纤维600万t。棉纤维纺织品的加工主要有非织造工艺和棉纺织工艺两大类。

### （一）棉纤维非织造工艺

以棉纤维为原料，采用水刺法生产的非织造布，是将棉纤维经过开棉、松棉，利用尖端梳理机、铺网机及牵伸机将全棉整理成网后，经过水刺机利用加压后形成的大密度针状水柱促成纤维素纤维缠结成布。非织造布从原纤维到成布仅用5min，比传统织造布节省了纺纱、织布等环节，缩短了工时，大量节约了能耗，减少了人工和设备的使用，低碳环保，节能减排，可降低30%左右的成本。

以棉纤维为原料的非织造布用途广泛，主要应用于医疗卫生用品、家庭卫生用品、个人护理用品、合成革基布、涂层基布、家用装饰及服装辅料等。近几年，由于新冠肺炎等世界公共卫生事件的需求，国内医疗卫生领域的非织造布需求量在不断上升，棉纤维非织造布以年增长60%的速度发展，生产技术达到了国际先进，甚至领先水平。

### （二）棉纤维纺纱织造工艺

在棉田中直接收获的是子棉，内含棉子并混有其他杂质，在进行下道加工前，必须用轧棉机将子棉中的棉纤维和棉子分离开来，这一过程称作轧棉。轧棉所得皮棉（原棉）经检验打成紧实的棉包，由轧棉厂运输到棉纺厂进行后续加工。

**1. 棉纺工艺**　棉纺与其他化学短纤的纺纱工艺具有相同的成纱原理，加工的基本过程为：纤维开松（除杂和混合）→梳理成网→成条→并条混合→牵伸加捻→成纱→卷装成型，即将棉纤维原料由块状、束状经过一定的松解作用，成为具有一定线密度的、顺序纵向排列的纤维集合体后，再加上适当捻度，使之具有一定强度的加工过程（图12-1）。棉纺工艺中，根据原料品质、成纱质量，以及棉纤维终端产品的应用领域，又分为普梳系统、精梳系统和废纺系统。

（1）普梳系统　普梳系统在棉纺织中应用最广泛，加工纤维长度为16～40mm，一般用来纺中、粗特纱，织造普通织物。其工艺流程为：清梳联→头道并条→二道并条→粗纱→细纱。

清梳联工序是由传统的开清棉和梳棉两道工序直接连接形成的，其作用是

将原料渐进开松、分梳到几乎单纤状
态，同时除去原棉中的杂质，实现棉
块至单纤维状态的混合，最终制成均
匀的棉条，该半制品称为生条。

　　头道并条和二道并条统称为并
条工序，该工序是运用牵伸、并合
原理，在并条机上将若干根（一般
为6根或者8根）条子一起进行并合

开清棉工序

并条工序

粗纱工序

细纱工序

精梳工序

图12-1　棉纺工艺

牵伸，制成具有一定线密度的均匀条子。并条能改善长、中片段的不匀，并提
高纤维的伸直平行度。在反复并合和牵伸过程中，可实现单纤维间的充分混合。
并条工序制成的棉条称为半熟条和熟条。

　　粗纱工序是把均匀的棉条进行一定倍数的牵伸，达到适当的细度，纤维相互
之间更加平行顺直，轴向联系越来越弱，强力降低，因此，该工序需对输出的纤
维须条加上适当的捻度，以增加纤维之间的横向抱合，提高粗纱半制品的强力。

细纱是将粗纱进一步的牵伸、加捻，获得最终产品所要求的线密度、强力和其他力学性能的连续纤维集合体。

（2）精梳系统　精梳系统是在普通系统的梳棉之后加上精梳准备和精梳工序，以去除一定长度的短绒和杂质疵点，用来生产对成纱质量要求较高的细特用纱、特种用纱和细特棉混纺纱。其工艺流程为：清梳联→精梳准备→精梳工序→头道并条→二道并条→粗纱→细纱。

精梳准备工序是为了改善梳棉工序中纤维的伸直平行度，制成成型良好的纵横向均匀的小卷，以便进入下一道工序，即精梳工序。精梳工序的作用主要是利用梳针对纤维两端分别进行握持状态下更为细致的梳理，促使纤维更加平行顺直，使成纱结构更加均匀、光洁。

（3）废纺系统　纺纱生产过程中产生的废料，如轧棉废料、粗纱头及回丝等，为了充分利用，降低成本，可经过废纺系统加工成粗特棉纱。当棉纤维产品完成了首次使用，尤其100％棉纤维制成的纺织品，也可以回收利用，生命周期可循环，其后续阶段充满了无限可能，废纺制品的用途覆盖织物染料及医疗卫生用品。

2.织造工艺　棉纱线由于其本身具有优良的可织造性能，纱线强力较高，结构均匀，对织造设备和织造工艺的适应性强，因此，棉纤维制品的加工包括机织、针织、编织等多种加工方式，产品存在二维、三维等多种结构形式。

棉质纺织品的应用涵盖了服用、装饰用、产业用全部领域。随着棉纤维改性技术的不断发展，棉织物的使用不止局限于纺织领域，还可将其应用于电磁防护、污染治理、医疗卫生等多个领域。

## 第二节　棉　短　绒

棉短绒，是子棉通过轧花机轧花以后，留在棉子壳上的短纤维，占皮棉总产量的15％～20％。棉短绒是国防、纺织、化纤、造纸等轻化工业的重要原料，是重要的战略物资。

### 一、制造无纺布

无纺布是将短绒纤维进行定向或随机排列，形成纤网结构，然后采用机械、热粘或化学等方法加固而成的一种不需要纺纱编织而形成的织物。无纺布产品可作工业用抛光布、绝缘材料、土建织物、人造革底布等；也可制作家用装饰布、服装用布、卫生用布等。

## 二、制造葡萄糖及乙醇

棉短绒是由葡萄糖缩合而成的大分子材料，在浓酸或生物酶的催化作用下发生水解反应，制得葡萄糖液，加入适当的酒化酶，即可制得乙醇及少量杂醇。

## 三、制造纤维素

利用棉短绒与环氧乙烷反应，制得羟乙基纤维素，具有增稠、分散、悬浮、黏合、成膜、保护胶体、保持水分的作用，广泛用于化工、纺织、石油开采、造纸、建筑、食品、饲料、涂料、合成树脂等方面。

## 四、制备高吸油材料

以棉短绒为基材，甲基丙烯酸甘油酯和苯乙烯为单体，制备的纤维素基吸油材料，具有密度小、能浮于水面、吸油能力高的特性，是快速去除和回收石油生产、贮运、炼制、加工及使用过程中漏油的高性能吸油材料。吸油和环保性能均优于人工合成吸油材料。

## 五、制备高吸水性树脂

将棉短绒纤维粉碎，经醚化制得羧甲基纤维素，再与丙烯酸及丙烯酰胺接枝共聚等程序，可制备高吸水性树脂，吸水率比同类产品提高近5倍。

## 六、制备自然降解农用地膜

利用棉短绒等材料，以湿法成网工艺研制成农用棉短绒地膜，成本低，可完全降解且无残留。

## 第三节 棉 子 油

棉子中含有丰富的油脂，剥绒后的棉子含油率一般为18%～20%，脱壳后的棉子仁含油率高达35%以上，能与花生、油菜子相媲美。棉子油由多种脂肪酸甘油酯组成，不饱和脂肪酸占70%以上，其中亚油酸占50%以上。亚油酸是人体合成磷脂、胆固醇脂、细胞膜和前列腺素的重要营养成分，还有降低血液中的胆固醇、防止冠状动脉粥样硬化的重要作用。因此，棉子油主要作为日常食用的高品质食用油，其次亦可作为医疗保健和化工原料应用。

### 一、制取高级烹调油

高级烹调油是将普通食用的棉子油，通过再加工而制成的精制食用油。它的外观澄清透明、色泽淡黄，用于烹调不起沫、油烟少，是色味俱佳、营养丰富的高档食用油。主要用作煎、炒、炸各种菜肴的烹调用油。

### 二、制取色拉油

色拉油俗称凉拌油，是将毛油经过精炼加工而成的精制食用油，可"生吃"，因特别适合用于西餐"色拉"凉拌菜而得名。由棉子油制取的色拉油呈淡黄色，澄清、透明，无气味、口感好，主要用于冷餐凉拌油，用于烹调时不起沫、油烟少。

### 三、制取天然维生素E和植物固醇

维生素E的功能多种多样，已广泛应用于医药、食品、饲料和化妆品等领域。天然维生素E资源较少，且主要来源于化学合成。棉子油中含有较丰富的天然维生素E和较高的植物固醇。维生素E可用于抗衰老，植物固醇可抑制胆固醇在人体内的积累，对防治心血管疾病和动脉粥样硬化具有较好的疗效。

### 四、制取脂肪酸

棉子油经催化水解，可制取软脂酸、油酸、亚油酸等脂肪酸，在医药、食品和化工业中具有重要用途：①软脂酸（棕榈酸）。在工业上可用于制蜡烛、肥皂、金属皂、润滑脂、合成洗涤剂、软化剂等；在食品中可用作巧克力粉的原料，合成可可脂等；在医药上可制造无味金霉素、无味氯霉素等。②油酸。可降低人体血液中总胆固醇和有害胆固醇，而不降低有益胆固醇；对由胆固醇浓度过高引起的动脉硬化及其并发症、高血压、心脏病、心力衰竭、肾衰竭、脑出血等疾病，均具有非常明显的防治功效。③亚油酸。是人体必需但又不能在体内自行合成的不饱和脂肪酸，对人体具有软化心脑血管、促进血液循环、降脂降压、促进新陈代谢、调节内分泌和减缓衰老等功效。

### 五、生产生物柴油

生物柴油是清洁的可再生能源，是以大豆和油菜子、棉子等油料作物、油棕和黄连木等油料林木果实、工程微藻等油料水生植物以及动物油脂、餐饮废油等为原料制成的液体燃料，是典型的"绿色能源"，是优质的石油、柴油代用品。与其他植物油脂相比，以棉子油生产生物柴油具有以下优势：①柴油的碳链长度分布在$C_{15} \sim C_{18}$，棉子油中的脂肪酸的碳链长度99%集中在$C_{16}$和$C_{18}$，两者的碳链非常相近；②棉子油价格低于大豆油、菜子油、花生油等植物油脂。

## 第四节　棉　油　泥

棉油泥也叫棉油脚，是毛棉油经过加碱精炼后剩余的残渣，其数量为毛棉油的15%左右。其中，含有20%～25%的游离脂肪酸，12%的磷脂，是宝贵的有机化工原料。

### 一、制备皂类洗涤用品

脂肪酸为棉油泥中第一大有用资源。国内大部分油脂加工厂或油脂化学厂，将棉油泥充分皂化后，制备成低级皂直接销售，或再将低级皂混入到其他油脂，制成肥皂进行出售，或制成洗衣膏，不仅保持了低级皂的去污力强、泡沫适中以及对皮肤刺激性小的优点，还克服了其色暗、味臭、固型差和氧化冒霜等缺点，而且具有生物降解性好、易漂洗、价格低廉等特点，可作为化工合成洗衣粉的替代品。

### 二、提取脂肪酸

棉油泥经过皂化、分解、蒸馏等工序，可制取脂肪酸。脂肪酸是重要的食品、医药及化工原料，经过酯化加氢，可生产出脂肪醇，是表面活性剂的重要原料，如矿物浮选剂、洗涤剂、润滑剂、牙膏发泡剂、香波制剂等。

### 三、提取磷脂

将棉油泥浓缩，加溶剂萃取分离，去除残渣制成精制磷脂，通过干燥浓缩制成成品磷脂。磷脂是重要的营养物质，可作食品和饲料的添加剂，还可作皮革、沥青的乳化剂，在医药、化妆品中也有重要用途。

## 第五节　棉　子　蛋　白

棉子不仅是一种很好的食用油来源，而且是一种亟待开发利用的蛋白质资源。提油后的棉子仁中蛋白质含量可达38%～45%，甚至可高达60%，比稻米、小麦或玉米高3倍左右，是一项巨大的植物蛋白质资源，也是世界上仅次于大豆的重要植物蛋白质资源。棉子蛋白中的氨基酸组成平衡合理，除蛋氨酸含量稍低外，其余必需氨基酸含量均达到联合国粮农组织和世界卫生组织

（FAO/WHO）推荐的标准，同时棉子蛋白不会使人肠胃胀气，没有豆腥味，在营养价值上近似于豆类蛋白质，远比谷类蛋白高，而且棉子蛋白口味清淡，含抗营养因子少，是一种优质膳食蛋白质资源。

### 一、作为食品添加剂

20世纪70年代，上海以脱毒的棉子蛋白生产糖果发泡剂，其品质与大豆蛋白质类似。同期，美国食品总署批准将棉子浓缩蛋白作为食品添加剂，美国得克萨斯大学食品蛋白研究和发展中心提供了用于添加到食品中的棉子蛋白凝乳。80～90年代，山东、河南利用棉子与豆粕酿造酱油，产品品质达到了国家标准。

### 二、代替面粉制作面包

美国福尔公司准许出售一种棉子蛋白面包。将棉子蛋白代替面粉加入到面包中，面包蛋白质含量大幅度提高，达到21%，比普通面包蛋白质含量提高60%，而且不影响面包体积、质量，成本也大大降低。

### 三、制作蛋白饮料

利用棉子蛋白制作含蛋白的饮料，成本降低，营养价值提高，口感类似牛奶。

## 第六节　棉　酚

棉酚是棉花特有的"有毒"成分，在医药、农业、工业等方面有着广泛的用途，蕴藏着巨大的商业价值。

### 一、棉酚的性质

棉酚又称为棉子醇或棉毒素，主要存在于棉花色素腺体中，是一种不溶于水而溶于有机溶剂的黄褐色聚酚色素。棉酚的存在形式有2种：游离棉酚和结合棉酚，两者之和称为总棉酚。在所有棉副产品中（如棉粕、棉仁、棉油、棉壳、棉秸秆等）均有不同含量的棉酚，棉粕中游离棉酚含量最高，其次为棉秸秆，游离棉酚含量最低的是棉铃壳。

棉酚对人、畜均有毒害作用，其毒性成分主要是游离棉酚。游离棉酚对单胃动物有毒害作用，每日饲喂的饲料中游离棉酚含量若超过规定含量（1 200mg/kg），就会使单胃动物中毒，因此，饲喂时要严格控制饲料中游离棉酚的含量。人类若长期食用粗制的生棉子油也会导致人体发生慢性疾病，如烧热病、低血钾症及无精子症等，故在食用棉子油和棉子饼粕时，需严格按照国家标准化管理委员会、国家质量监督检验检疫总局颁布的饲料卫生标准GB13078—2017，控制游离棉酚的含量。

## 二、棉酚的用途

**1.医药用途**　男性节育药。棉酚作为男性节育药为中国首次发现。棉酚对精子的发育影响显著，服药期间正常精子数量下降，畸形精子率和生精细胞数增高。

治疗妇科疾病。棉酚对妇科疾病的治疗应用，主要集中在子宫和卵巢方面。用棉酚治疗更年期功能性子宫出血、子宫肌瘤及子宫内膜异位症等，疗效显著而持久，是一种新的有效的保守治疗方法（图12-2）。棉酚及其衍生物具有抗血吸虫病、抗炎活性及抗疟疾等作用，可杀死疱疹病毒等。

图12-2　棉酚的医药用途

抗肿瘤。棉酚及其衍生物能抑制肿瘤细胞的生长、增殖。通过体外试验发现，棉酚对起源于淋巴及粒细胞、肾上腺、乳腺、宫颈、直肠和中枢神经系统的肿瘤细胞，均有明显的抑制作用，对多发性骨髓瘤细胞具有抗增殖和诱导凋亡的作用；棉酚衍生物对移植性肿瘤活性也有一定的抑制作用。

**2.工业用途**　棉酚在橡胶行业、聚乙烯工业、聚丙烯工业及火箭燃料中，作为抗氧化剂应用；棉酚还可作阻燃剂，防止机械或仪器用油及干性油过早稠化；在筑路、机械精加工、石油钻探、防锈等行业，作为稳定剂。

**3.农业用途**　自然界中的植物在受到昆虫危害后，会产生一系列的防御反应，以提高自身防御能力，进行自我保护，这种自我防御被称为植物的诱导抗性。棉酚是棉花重要的抗生性次生代谢物，与绿盲蝽的抗性有关，棉花植株中棉酚含量越高，对绿盲蝽的抗性越高。棉酚对棉铃虫营养代谢、营养生长及生殖生长可产生抑制作用，具有很好地抑制生物活性的功能。棉酚提取液具有抑菌活性，特别是对棉花黄萎病病原菌具有很好的抑菌活性作用，可阻止病原菌丝的生长、降低孢子萌发概率。

## 第七节　棉　　粕

　　棉粕是棉子经去绒脱壳，再经过榨油后得到的副产品，棉粕的蛋白质含量因脱壳程度、棉子质量和品种及加工方式的不同存在一定差异。棉粕蛋白质远比谷物类含量高，仅次于豆粕；棉粕的粗纤维含量为10%～14%，粗脂肪含量为3.5%～6.5%，粗灰分含量为5%～8%，另外，还含有多种维生素和矿物质元素，如钙、磷、钾、镁等，棉粕还含有丰富的氨基酸，是极具开发潜力的优质植物蛋白饲料资源，但由于棉粕中含有如棉酚、单宁、植酸、环丙烯脂肪酸等抗营养因子，常常会导致动物生长迟缓、食欲下降、体重减轻、繁殖率下降、中毒等不良影响，从而限制了棉粕在饲料中的应用。目前，应用微生物发酵的技术处理棉粕，是消除抗营养因子和提高营养价值的主要方法之一。经过微生物发酵，不仅可降低棉粕中游离酚的含量，发酵过程中还能产生消化酶、有机酸、益生菌、维生素等，可极大地提高棉粕的营养价值。因此，在动物饲料中添加一定量的发酵棉粕，可降低饲料成本，提高动物生产性能。

### 一、发酵棉粕用于生猪生产

用发酵棉粕替代全价料中50%的豆粕，对猪的增重、饲料利用率、健康状况均无显著影响，而且降低了饲料成本。用发酵棉粕替代30～60kg生长猪日粮中5%～20%的豆粕，在仔猪阶段用5%的发酵棉粕替代豆粕，在生长育肥阶段用10%～50%的发酵棉粕替代豆粕，均可增加饲料诱食性，提高猪的采食量，且有利于猪对饲料中营养物质的消化吸收，日增重提高，同时降低了饲料成本，提高了效益。

### 二、发酵棉粕用于肉鸡生产

鸡的消化道短，适合吸收棉粕发酵后产生的小肽，而且吸收速度快。在肉鸡日饲粮中添加5%～10%的发酵棉粕，可提高肉鸡生产性能和免疫功能，还有调控肉鸡脂类代谢、改善肉质的作用。

### 三、发酵棉粕用于产蛋鸡生产

在蛋鸡日饲粮中添加5%～10%的发酵棉粕，不仅对蛋鸡健康状况、生产性能无显著影响，还能提高蛋鸡免疫能力，降低鸡群发病率，而且随着发酵棉粕添加量的增多，蛋黄中胆固醇含量则为下降趋势。

### 四、发酵棉粕用于水产动物生产

鱼粉和豆粕是水产饲料中最常用的蛋白质原料，近年来，随着养殖规模的不断扩大，鱼粉和豆粕价格不断上涨，人们开始寻求一种新的蛋白质原料替代品。由于发酵棉粕蛋白质含量高，并含有大量益生菌和消化酶，是一种理想的

用于水产动物饲料的蛋白质资源。用发酵棉粕替代10%～20%的鱼粉和豆粕，不仅可降低成本，改善水质，而且可以提高水产动物体内消化酶的含量，从而提高消化吸收率。

### 五、棉粕用于反刍动物生产

反刍动物的瘤胃具有发酵解毒功能，能够降解一定的棉酚等有害物质成分，反刍动物对棉粕中的棉酚耐受性较强，耐受量较大。一般成年奶牛每天饲喂高达5.8g的棉酚，对其繁殖功能没有不良影响，且棉酚在乳牛体内的残留量也很低；在其饲料中添加12%～15%的棉粕代替部分豆粕，可提高产奶量，并且对牛乳成分无显著不良影响；利用发酵棉粕替代20%～40%日粮中的豆粕饲喂犊牛，可提高饲料的适口性，同时，对犊牛具有很好的保健作用。因此，棉粕发酵与否，在一定范围内对反刍动物的影响不大。

## 第八节 棉 秸 秆

棉秸秆俗称棉柴，指采摘完棉花后的整个植株，包括棉根、棉秆、果枝、叶枝以及铃壳等。随着科技的进步，棉花秸秆作为再生资源，其综合应用受到广泛关注。棉根、棉茎粗纤维含量均在42%以上，其次是棉铃壳约33.2%。棉花秸秆在饲料、工业原料、农业肥料等方面的应用潜力巨大。

### 一、作为工业原料

1.造纸、造板 棉秆中的木质素、纤维素和半纤维素，其纤维长度及木质化程度与木材基本相同，可用来代替木浆，用于造纸；亦可通过机械法分离、成型和热压等一系列工序加工成人造木板、高密度纤维板、隔音板等。

2.制备活性炭 棉秆是可再生资源，利用棉秆生产活性炭可减少对林木、煤炭、石油等的消耗，利用微波辐射法制备的活性炭质量可达到一级标准。活性炭广泛应用于化学、食品、医药及国防、环境保护等方面。

3.制取糠醛 棉秆皮含多缩戊糖22%～25%，与5%稀硫酸混合，在220～230℃直接蒸煮水解6.5～7h，生成戊糖，戊糖进一步脱水制得糠醛。糠醛是一种优良的选择性溶剂，具有多种用途：用于精制石油，成为合成醇酸树脂的原料；用于合成塑料、涂料、黏合剂、合成橡胶、农药（马拉松、呋喃西林、呋喃丙胺、呋喃抗癌药等）；用于国防工业制造火箭发射药等。

4.制取木糖及木糖醇 棉子壳经酸水解后生成的戊糖中含有90%的木糖，用酵母发酵除去其他糖分，浓缩后即得木糖，木糖加氢可制得木糖醇。结晶木糖醇可代替蔗糖，用作糖尿病人饮食中的甜味剂。一般15t棉子壳可制1t木糖醇。

**5.制取丙酮等** 棉子壳中含有37%～48%的纤维素，经酸水解或酶水解制得葡萄糖。以葡萄糖作原料，选择适当的菌种发酵制得乳酸，由乳酸进一步制得丙烯酸，或从葡萄糖直接发酵制得丙酮、丁醇、丁酸、异丙醇等。

**6.提取木质素** 利用高沸醇溶剂法提取棉子壳中的木质素，木质素回收率可达18.6%。在一定条件下，木质素具有较好的自由基清除和抗氧化活性、抑制癌细胞活性、抗诱变、抑制纤维素的自然氧化和解聚、提高某些动物体内蛋白质利用率等生物活性，木质素也是人类膳食纤维中的重要组成部分，具有预防心血管疾病的作用。木质素对皮肤和眼睛无害，用于化妆品和医疗行业具有较好的应用潜力。

**7.制备还原糖** 以棉子壳为原料，采用微波和固体酸协同水解制备还原糖，包括葡萄糖、果糖、半乳糖、乳糖、麦芽糖等。还原糖在糖果中具有抗结晶性、抗吸水性、提高蔗糖溶液溶解度等特性。

## 二、作为能源材料

棉花秸秆燃烧值与木材相近，是比玉米、小麦等禾本科作物秸秆更理想的能源材料，可作为能源材料用于发电。

## 三、作为饲料

棉花秸秆含有大量纤维素、粗蛋白、半纤维素、木质素等营养物质。研究显示，每1万t棉花秸秆粗饲料可供3 000头牛食用一年，肉牛、奶牛分别可增加产值15%和16%，同时，将40%的普通棉秸秆添加到肉羊育肥饲料中，不会对产品质量带来影响。

## 四、作为食用菌基质

我国是食用菌生产大国，食用菌产量占全世界总产量的65%以上。随着食用菌产业的迅猛发展，作为主要栽培原料的棉子壳价格逐年上涨，导致食用菌生产成本大幅度增加，而棉秸秆产量是棉子壳的数倍，将棉秸秆用专用机械粉碎加工成屑状，再经焖料或发酵等简单处理，即可作为黄白侧耳、双孢菇、秀珍菇、杏鲍菇等食用菌的培养料（图12-3），不仅可以使食用菌生长速度加快、菌菇的产量提高，还能降低生产成本。

图 12-3　棉秸秆作为食用菌基质

## 五、作为农作物肥料

作肥料主要通过秸秆还田，有 2 种方式：①直接还田。机械粉碎还田，结合施入一定量的氮肥促进其在土壤中的腐解，利于改良土壤团粒结构，实现土地用养结合（图 12-4）。②间接还田。秸秆腐熟施入棉田，可改善土壤次生灾害，促进作物生长。

图 12-4　棉秸秆直接还田

# 参考文献

白凤霞，王飞，2009. 棉短绒纤维制备高吸水性树脂研究 [J]. 南京林业大学学报（自然科学版），33(1)：83-86.

曹振宇，2012. 中国纺织科技史 [M]. 上海：东华大学出版社：48-57.

陈建宇，刘岭，陈运霞，2017. 棉子糖替代抗生素对断奶仔猪生长性能和营养物质表观消化率的影响 [J]. 饲料工业，38(18)：25-27.

陈杏云，1984. 棉子壳的综合利用 [J]. 中国棉花 (1)：46-47.

褚维发，朱守诚，丁文俊，等，2021. 全棉水刺无纺布节能生态脱脂漂白工艺[J]. 印染助剂，38(6): 50-53.

崔瑞敏，刘素恩，崔淑芳，2015. 河北植棉史[M]. 石家庄：河北科学技术出版社：12-139.

刁明，冯雪程，喻晓强，2013. 不同栽培基质对温室彩椒生长影响的研究[J]. 新疆农业科学，50(2): 273 -278.

方舒琪，陈旭，季一顺，等，2016. 棉子糖的提取工艺与检测方法研究进展[J]. 粮食科技与经济，41(3): 67-69.

冯晓宁，丁成立，刘月娥，2019. 棉短绒纤维素基复合材料的制备及吸油性能[J]. 高分子材料科学与工程，35(7): 25-30.

胡毅，张俊智，黄云，2014. 高棉子粕饲料中补充赖氨酸和铁对青鱼幼鱼生长、免疫力及组织中游离棉酚含量的影响[J]. 动物营养学报，26(11): 3443-3451.

贾光锋，李文孝，邱幼军，2012. 棉油泥的综合开发利用[J]. 农产品加工(6): 23-25, 37.

姜绍通，徐涟漪，周勤丽，等，2011. 固体碱催化棉籽油制备生物柴油[J]. 农业工程学报，27(3): 254-259.

黎玉华，2021. 棉花产业贸易形势与我国急需解决的问题[J]. 棉花科学，43(6): 3- 8.

李保华，高春燕，王朝江，2010. 棉柴屑栽培姬菇鸡腿菇试验[J]. 食用菌(6): 32-33.

李文孝，李忠玲，贾光锋，等，2016. 棉籽功能成分的发掘及其综合利用[J]. 农业科技通讯(12): 156-158.

李哲敏，田科雄，2017. 棉子饼粕的营养价值及其在猪生产中的研究进展[J]. 中国猪业，12(2): 69-71.

梁敏，张文举，张凡凡，等，2017. 发酵棉粕对安格斯肉牛生长性能和血清生化指标的影响[J]. 饲料工业，38(21): 45-48.

刘少娟，陈家顺，姚康，等，2016. 棉粕的营养组成及其在畜禽生产中的应用[J]. 畜牧与饲料科学，37(9): 45-49.

吕仕元，陆德生，王祖行，等，2020. 自然降解农用棉短绒地膜的研制[J]. 产业用纺织品，20(2): 13-18.

马建忠，蒲明，2016. 棉壳和棉杆作为肉羊育肥饲料安全性的研究[J]. 草食家畜(4): 14-19.

裴丽华，2016. 棉短绒制浆黑液的热解特性分析[J]. 中国造纸学报，31(2): 29-33.

彭学文，周廷斌，解文强，等，2016. 棉柴部分代替棉籽壳栽培杏鲍菇技术研究[J]. 安徽农业科学，44(17): 33, 119.

秦中春，宁夏，2020. 加入WTO以来中国棉花产业的发展态势与政策优化[J]. 农业经济，319(11): 104-117.

任丽君，2017. CG集团公司棉子加工生产流程优化研究[D]. 邯郸：河北工程大学.

盛伟，罗军，葛明桥，2009. 纸基棉短绒地膜的研制与表征[J]. 产业用纺织品，27(3): 9-12.

孙立梅，陈立侨，李二超，等，2013. 高比例棉粕饲料中补充蛋氨酸对中华绒螯蟹幼蟹摄食生长及抗氧化酶活性的影响[J]. 水生生物学报，37(2): 336-343.

王安平，吕云峰，张军民，等，2010. 我国棉粕和棉籽蛋白营养成分和棉酚含量调研[J]. 华北农学报，25(增): 301-304.

王安平，田科雄，赵青余，等，2008. 整粒棉籽和棉粕在奶牛饲料中的应用[J]. 中国奶牛(9): 15-18.

王美霞，马磊，徐双娇，等，2017. 我国主栽棉花品种的棉籽油资源评价与分析[J]. 棉花学报，29(2): 204-212.

王谦，霍红飞，王婷婷，等，2012. 利用棉秆栽培黄白侧耳[J]. 食用菌学报，19(4): 25-27.

王群，2010. 棉子综合利用加工工艺的研究[D]. 石河子: 石河子大学.

王延琴，杨伟华，周大云，等，2014. 棉籽油天然维生素E的提取工艺研究[J]. 中国农学通报，30(27): 288-292.

王勇胜，曹玉凤，李秋凤，等，2018. 饲粮全棉子比例对荷斯坦公牛育肥性能、血清生化指标和养分表观消化率的影响[J]. 动物营养学报(5): 1965-1972.

王泽武，胡之浩，孙亚楠，2016. 棉短绒在大棚保温中的应用及专用生产线的初步研究[J]. 中国棉花加工(1): 34-37.

魏莲清，牛俊丽，张文举，等，2019. 发酵棉粕的营养特性及其在肉鸡生产中的应用[J]. 现代畜牧兽医(12): 22-27.

谢俊彪，龙燕，2011. 棉粕制取生物柴油的研究[J]. 安徽农业科学，39(21): 13083-13084.

于伟东，2006. 纺织材料学[M]. 北京: 中国纺织出版社: 199-204.

郁崇文，2016. 纺纱学[M]. 北京: 中国纺织出版社: 3-5.

喻树迅，于雯雯，2008. 棉花作为能源作物的可行性分析[C]. 中国农村生物质能源国际研讨会暨东盟与中日韩生物质能源论坛论文集: 369-372.

翟健玉，郭荣辉，王毓，2021. 棉纤维的研究进展[J]. 纺织科学与工程学报，38(1): 59-72.

张蓓蓓，耿维，崔建宇，2016. 中国棉花副产品作为生物质能源利用的潜力评估[J]. 棉花学报，28(4): 384-391.

张瑞颖，郭德章，林原，等，2012. 棉杆替代棉籽壳栽培柱状田头菇、秀珍菇[J]. 食用菌学报，19(4): 31-34.

赵冬冬，刘晓宇，2009. 棉子蛋白的研究进展[J]. 农产品加工(学刊)(5): 27-30.

赵树琪，李蔚，戴宝生，等，2017. 棉花秸秆综合利用现状分析[J]. 湖北农业科学，56(12): 2201-2203.

赵颖，2021. 激发棉产品创新活力[J]. 纺织科学研究(11): 82-83.

郑艳萍，刘芳，孙看军，等，2012. 利用棉籽油和餐饮废油混合物制备生物柴油[J]. 甘肃农业大学学报，50(6): 156-158.

中国农业科学院棉花研究所，2019. 中国棉花栽培学[M]. 上海: 上海科学技术出版社: 1342-1371.

中国纤维检验局，2010. 棉花质量检验[M]. 北京: 中国计量出版社: 102-121.

周建中，张晖，2014. 棉籽蛋白的研究进展及其在食品中的应用[J]. 农产品加工(6): 53-57, 61.

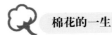 

周培校,赵飞,潘晓亮,等,2009.棉粕和棉籽壳饲用的研究进展[J].畜牧业(8): 52-54.

朱四元,陈金湘,2005.棉酚腺体的遗传分析及低酚棉分子育种研究进展[J].中国农学通报,21(9): 57-60.

祝水金,季道藩,1997.5个澳洲野生棉种子营养成分分析[J].中国种业(3): 34-35.

## 图书在版编目（CIP）数据

棉花的一生/田海燕，周永萍，崔淑芳主编．—北京：中国农业出版社，2022.7
ISBN 978-7-109-29727-2

Ⅰ.①棉… Ⅱ.①田… ②周… ③崔… Ⅲ.①棉花—普及读物 Ⅳ.①S562-49

中国版本图书馆CIP数据核字（2022）第125752号

中国农业出版社出版

地址：北京市朝阳区麦子店街18号楼

邮编：100125

责任编辑：郭银巧 　文字编辑：李　莉

版式设计：杜　然 　责任校对：吴丽婷 　责任印制：王　宏

印刷：中农印务有限公司

版次：2022年7月第1版

印次：2022年7月北京第1次印刷

发行：新华书店北京发行所

开本：700mm×1000mm　1/16

印张：9.25

字数：150千字

定价：98.00元

版权所有·侵权必究

凡购买本社图书，如有印装质量问题，我社负责调换。

服务电话：010-59195115　010-59194918